毒物ずかん

―キュートであぶない毒キャラの世界へ―

文・監修 くられ　絵・まんが 姫川たけお

化学同人

はじめに

●「毒ってなに」と聞かれたらどう答えますか？●

この本を手に取った人は、かわいい絵や、毒というモノに興味をもって、今、この「はじめに」を読んでいるのではないでしょうか。

今から数百年前の1500年代のこと。スイス生まれの錬金術師パラケルススは、毒というものについて現代にも通じる発見をし、それをこう記しています。

●あるものが有毒かどうかは服用量によって決まる！●

これは、毒というものを知るうえで、とても大事な意味をもちます。

ミステリーに出てくる暗殺の毒として定番になっている「青酸カリ」とか、毒ガスの代表選手「サリン」などは誰がどう見ても毒物じゃないか……と思う人がいることでしょう。

しかし実は、これらの物質にさえ、毒性を発揮する量・しない量、自覚することさえない分量があるのです。あまりに少ない量で人の健康を害してしまうので、毒以外の何者でもないというイメージがあるかもしれませんが、猛毒にさえ無害な量（きわめて微量ですが）があるのです。

●では、食塩はどうでしょう？●

えっ、食塩は無害に決まってるじゃないかって？

たしかに、食塩に含まれるナトリウムは体を維持するのに必要な構成成分のひとつで、毎日摂取しないと死んでしまう必須の栄養素です。その量は、１日数グラムです。現代の暮らしでは、この量を超えることはあっても下回ることはなかなかありませんが、ジャングルや砂漠で遭難したときには、食塩、すなわちナトリウム不足で死んでしまうことがあります。

それくらい大事な栄養素です。しかし、もし、生まれたばかりの赤ちゃんが、この数グラムの食塩を体に取り入れてしまうと、命を落としてしまうこともあります。大人だって、200 ～ 300 グラムというお茶碗１杯くらいの塩を食べれば死に至ります。

水だって飲みすぎれば中毒を起こし、さらに飲み過ぎれば死んでしまいます。そう、「有害量」が多いか少ないかが問題なのです。

この「有害量」がきわめて少量であり、少し摂取しただけで健康を害してしまうもの、それを人は「毒」とよびます。

● つまり、「量こそ毒」なのです！●

この本は、毒とよばれる物質が、どういったもので、身の回りにどのようにひそんでいて、どういう影響をあたえるのかということを、できるかぎり親しみやすく紹介できるようにしました。

さあ、ページをめくってみてください。

● 毒を擬人化したキャラクターが登場します！●

カワイイ（？）キャラクターたちは、毒の性質や特徴を、そのいでたちや服装などで表しています。ひそかに毒の特徴がかくされている……という部分もありますので、ぜひ探してみてください。

解説も、興味深い身近な例を挙げたりしながらわかりやすく説明しています。毒チャートも用意しました（多少は好みも入っていますことをお許しください）。

「毒」を単に「悪いモノ」だと思って終わりにするのではなく、この本を、「毒ってなに？」「どうして毒なの？」という知識と興味を広げるきっかけにしていただければと思います。

それでは、薄ら怖くも興味深い、蠱惑（こわく）の世界のトビラを開いてみましょう。

毒物ずかん

もくじ

4章　煙の城下町　化学兵器　89

5章　赤の女王の城　麻薬　105

6章　魔物たちの天空　高分子毒　129

※ちなみに、主人公の名前の「棟辺」は「venom（毒液）」、「とき子」は「toxin（毒素）」をもじっている。

なにこの
古い本？
こんなの
うちの図書室に
あったっけ
Poisons' World
「不思議の書に
導かれし人間よ
今こそわれらの
世界の扉を開かん」
「ようこそ
毒の世界へ」……？
パァーーアア
わぁあ!?
カッ
しん….

妖精の谷
ようこそ
毒の世界へ
うーん……
いったい
何が……
毒の世界
……って
どういう
こと……？

1

妖精の谷

有毒元素

あれれ、みない顔だね。君はこの世界は初めてかい？

だったらまずはこの谷を抜けていくことだね。

身の回りに何気なくひそんでいる元素には、毒をもつものがたくさんあるんだ。なかには原子力を使って生み出されたとてつもない猛毒まで。

よーく身の回りを見てごらん、有毒元素は君のそばにいるよ。

アブ ウーノ ディスケ オムナス

―― Ab uno disce omnes.　最初からすべてを学ぼう ――

No. 1 水 銀

金属なのに液体よ！

常温で液体の金属なのでスライム娘

精神錯乱をもたらすので目が回っている

水銀を表すドイツ語Quecksilberは「速い銀」という意味なので走っている

WANTED

名　前 **水　銀**

化学式 Hg

大きさ 200.59

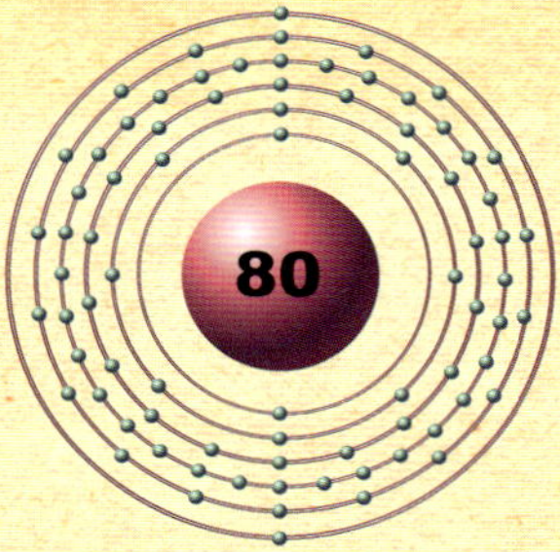

毒性・症状

童話「不思議の国のアリス」にイカレ帽子屋が登場するのはなぜだか知ってるかい？　作品が書かれたころ、帽子屋の職業病として、手が震える、気がおかしくなるなどの神経症状が広がっていたからさ。帽子の生地であるフェルトを堅く加工するのに、硝酸水銀が使われていて、それを使って熱処理するときに、毒性をもつ水銀蒸気を浴びやすかったことが原因らしい。

水俣病の原因となったメチル水銀など、環境汚染物質としても有名で、水銀単体よりも無機水銀や有機水銀のような水銀化合物のほうが問題なんだ。神経の働きをおかしくする毒性が特徴だぞ。

由来・用途

水銀は常温でも液体であるきわめて珍しい金属なんだ。自然のなかでは、辰砂（しんしゃ）という赤色の鉱物の主成分で、これを加熱すると水銀が出てくるため、かなり昔から存在が知られていたのさ。

かつて中国では、不老不死をもたらすとされ、実際に飲んだ例もあるが、消化管からはほとんど吸収されないので毒性は出にくい（もちろん毒なので飲むべきでないぞ）。一方、水銀は蒸気になりやすく、肺から入った場合の危険度は飲んだ場合と比べて段違いなんだ。

※辰砂（しんしゃ）を加熱する実験はとても危険なのでまねしないように！

体に入ったら神経に悪さをしちゃうよ！
へへ——
神経細胞が壊れると手足がふるえたり
体や言葉の自由が効かなくなったりしちゃうんだあ
実は私が何をしてきたかは結構有名なんだよ
たとえば病気として帽子屋さんの間で広まったり
日本の港町で広まったりしてたんだ
あなたもきっと知ってるハズだよ
うふふ　次はあなたの体に入っちゃおうかな！
な　なんなんだこの世界の住民
私 無事に帰れるの……！？

No. 2 ヒ素

芸術のわかる毒なのさ！

鶏冠石という鉱物の主要成分なのでトサカ
ヒ素を含む鉱物は緑やオレンジなど多彩な色をしている
かつてはヒ素化合物が岩絵具に利用されていた

WANTED

名　前　**ヒ　素**

化学式　As

大きさ　74.92

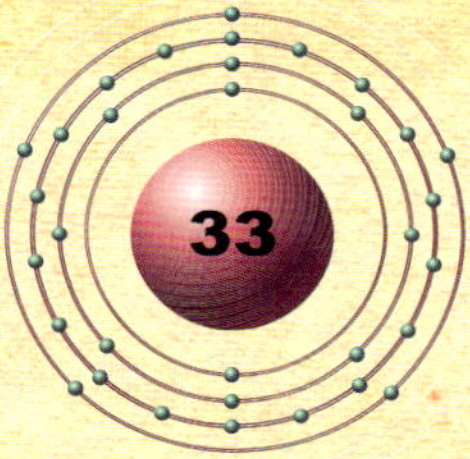

毒性・症状

ヒ素は、細胞に入り込んで細胞の働きを止めてしまうんだ。次に紹介するタリウムと同じさ。ほとんどのヒ素化合物が人間にとって猛毒なんだ。最初は腹痛や発熱が生じ、そのあと下痢やけいれんなど、さまざまな症状が現れる。分量が多いと死に至るぞ。

毒として使われる場合は、簡単な酸化物である三酸化二ヒ素（亜ヒ酸）が用いられる。きわめて有毒であるにもかかわらず、無味無臭なので、古くから暗殺などに悪用されてきたわけだ。

由来・用途

ヒ素化合物は天然に多くあり、古代ローマ時代から、ネズミ駆除から人間の暗殺まで、毒として幅広く使われてきたんだ。さまざまな鉱物に含まれるが、金平糖のような外見の「金平糖石」という純ヒ素鉱物も存在するぞ。そうした鉱物から簡単に亜ヒ酸が作られ、それが毒として使われた歴史があるというわけさ。

日本画の絵の具としても、エメラルドグリーン（きれいな緑色）やオーピメント（オレンジと黄色の間の色）に、ヒ素化合物が使われていたんだけど、最近は無害な代替顔料が使われることが多いぞ。

※ひじきにはヒ素が含まれていると話題になったことがあるが、基本的には気にしなくてよい。

絵の具にある
カラフルな色は
みんなオイラ
ヒ素のおかげだ
でもオイラは
無色にもなれる！
色だけじゃなく
味もにおいもない
亜ヒ素は暗殺に
使われたこともあるぜ
知らないうちに
口から入って
細胞を殺す
しかも絵も得意な
オイラってすげー！
ようするに
この部屋の
絵は全部……
毒で描かれた
恐怖の絵！
はい
あげる
ござござ
いらないよ
物騒な
いやそれ
カラーコピーの
ポストカード
だし……
何この世界……

No. 3 タリウム

悪用した犯人は誰だ！

除毛作用があるので毛が抜けている
殺鼠剤に利用されるのでネズミの姿
しばしば推理小説や毒殺事件に関わるので刑事
THE PALE HORSE
The St. Albans Poisoner

WANTED

名　前　タリウム

化学式　Tl

大きさ　204.38

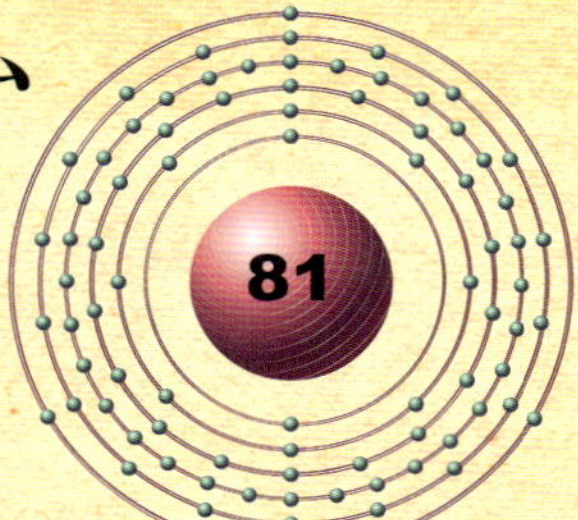

毒性・症状

タリウムは体内に入ると神経細胞に入り込み、細胞の生命活動をとめてしまう「細胞毒」のひとつ。カリウムと間違われて細胞に取り込まれてしまうんだ。

口から入ると、体内のあちこちの細胞を壊して回る。だから、体中にさまざまな症状が出るのが特徴さ。血圧の異常上昇、頻脈、流涎（りゅうぜん）（つばが止まらなくなること）、体温の乱高下などが起こり、量が多いとしだいに弱って死んでしまうんだ。細胞を殺すため、強力な除毛作用がある。だから、除毛クリームに使われたこともがあったが、もちろん現在はそんな危険な化粧品は売られちゃいないぞ。

由来・用途

タリウムは毒物混入犯罪にしばしば登場する。1960 年代のイギリスで、なんと 14 才で毒殺魔として逮捕されたグレアム・ヤングが有名だ。彼はなんと刑務所でも、その辺の雑草から作った毒をほかの囚人に盛っていた。出所後も 70 人近くにさまざまな毒物を投与し、その結果を観察して日記に記すという、筋金入りの犯罪者だった。

そんな彼が特に好んだのがタリウムなのさ。昔は殺鼠（さっそ）剤や除毛剤として売られていたので、入手も簡単だったようだぞ。

探偵の館
ごめんください
私この世界に迷い込んじゃって
やあ小さな依頼人だな
私は探偵タリウム
死のあるところにタリウムありと言われている
イヤだな……
何か書く物を持っているかね？
隣町への道なら教えてやれる
えーっと
ヒ素さんにもらった絵の裏なら……
なにすんだよ
ああ
これは
彼の絵か
私の力は彼と同じ細胞毒性とよばれるものだ
彼と私との違いを挙げるとすれば……そうだな
人間は私の力を逆手に取り身近に利用していたのだよ

たとえば
ネズミ駆除に
使ったり
除毛剤に
使ったり
……これは毛根の
細胞をターゲットに
しているわけさ
そうして人間の
身近にいた私の力を
いとも簡単に借り
他人に仇なす
者もいたのだよ
私の記憶は
定かではないが……
ある者は私の力により
人間が弱っていくさまを
事細かに記録して
そ〜〜
ひょい
円形脱毛……
探偵も楽では
ないのだ
お嬢さんよ

No. 4 カドミウム

意外と
身近にいるぜ！

鉱毒なので
鉱夫の衣装
アクセサリーの
金具を固定する
のに利用される
米などのイネ科植物に蓄積
されるのでカカシの姿

WANTED

名　前　カドミウム

化学式　Cd

大きさ　112.41

毒性・症状

富山県神通川で発生した有名な公害病「イタイイタイ病」。カドミウムはその原因物質で、ほぼすべての化合物が人間にとって毒さ！

カドミウムがイタイイタイ病の原因とはっきりしたのは、実は比較的最近なんだ。人間の体内にはカドミウムなどの重金属を排出するために使われる「メタロチオネイン」というタンパク質がある。それと結びついたカドミウムが体内にたまりすぎると毒性を示すことがわかってきたのさ。周期表では、亜鉛、カドミウム、水銀と縦に並んでいて性質が似ている。亜鉛は必須元素なので、体がカドミウムを亜鉛とまちがえて取り込んじゃうわけ。

由来・用途

カドミウムなんてお目にかからないと思う人もいるだろう。しかし、他の金属に混ぜると液体になる温度（融点）を下げる働きがあるので、ハンダや低融点合金など、意外に身の回りで使われてるぞ。

たとえば、指輪の宝石を留めている金具の固定には、「銀ロウ」という銀をカドミウムで低融点化したものが使われるんだ。かなりの濃度のカドミウムが含まれてるけど、正しく扱われているかぎり毒性はないので、気にしすぎないように！

鉱夫の館
のどかな
景色だなあ
ホームシックに
なりそう……
なーんだ　さびしいなら
俺っちが話し相手に
なってやるよ！
ガクン
うっわ びっくりした
それにしても
いいながめの
田んぼだろ？
俺っちはお米が
大好きなんだ
まあ私も
日本人だし
気持ちはわかる
でも俺っちの
生まれはこっち
鉱山じゃん

※充電することが可能なニッカド電池には、ニッケルとカドミウムが使われている。

No. 5 ポロニウム

最強無敵の超強力ビーム！

ほとんどは人工的に作られるので機械の姿
α-ray
84
アルファ線を放出して体内組織を壊す
放射性物質なので放射線を出しながら原子核が崩壊して別の元素に変化する

WANTED

名　前　ポロニウム

化学式　Po

大きさ　（210）

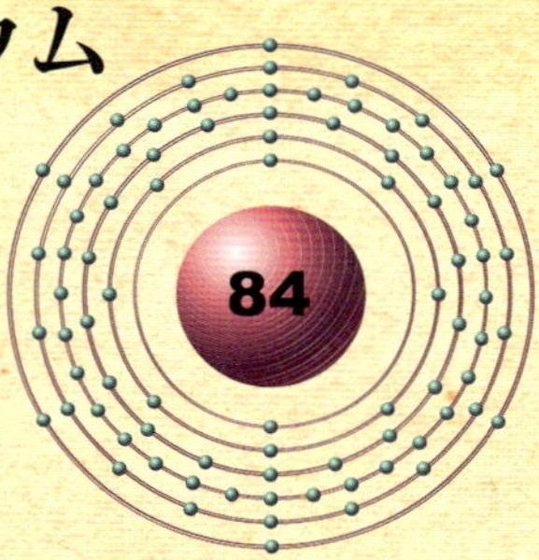

毒性・症状

　数多くの放射性元素を発見したキュリー夫妻が、大量のウラン鉱石の中に、ごくわずか存在することを見つけたんだ。自然ではきわめてまれな元素だ。名前は、キュリー夫人の故郷であるポーランドにちなんでつけられたのさ。

　きわめて強い放射線を出すため非常に危険。2006年にロンドンで、ロシアの元諜報員の人物が、何者かによってポロニウム210を服毒させられ暗殺された事件もあったな。口から体に入ってしまうと取り除く方法はなく、微量でも致命的なんだ。

由来・用途

　原子力発電所の原子炉にビスマスを入れ、中性子線を当てることでポロニウム210ができる。210は元素の重さを示すぞ。

　高い放射能（放射線を出す能力）をもち、エネルギーとして強い放射線を放出しながら、安定した別の元素に変わっていくんだ。無害化するまでの時間は短いぞ。昔のロシアではさかんに原子炉で作られ、火災報知器（煙探知機）の部品として使われていたこともあったけど、現在はもう使われていないな。

光の館
こんにち
重っ！！
私を訪ねるなんて
もの好きね
ポロニウムに
なんの用？
手当たりしだいに
このあたりの建物を
回ってるんです……
ふうん
つまりほかの連中にも
会っているわけね
でも私は
彼らとは違う力を
もってるわ
私の力は
相手を外からも
内からも
物理的に
傷つける力――
放射能

※放射性物質は、放射線を遮るために、密度が高く重い金属である鉛の容器に入れて保管されることがある。

毒楽★毒学

「どうして元素が毒になる？」の巻

水素、ヘリウム、リチウム、ベリリウム……「すいへーりーべー」と覚えた人も多いことでしょう。そう、**元素の周期表**です！　周期表は、私たちの身の回り……いやいやそれどころか、この地球や宇宙すべてを構成する物質の一覧表です。

化学というのは、身の回りの物質を**分子**の目で見る学問です。その分子を構成するものが**原子**です。**元素**は、１種類の原子だけからなり、化学物質の最小単位といえます。

元素の性質をひも解いていくと、私たちの体が「**有機化合物**」という、炭素を軸にした分子で構成されている理由も見えてきます。たとえば、血が赤いのは、元素の特徴が有機化合物に現れているからだといえます。

こうした元素は世界に均等にあるのではなく、それなりに偏って存在しています。たとえば､人間の体は､7つの元素だけで98％ほどを占めます。多い順に、酸素、炭素、水素、窒素、カルシウム、リンです。残りは、硫黄、カリウム、ナトリウム、塩素、マグネシウム……がほんの少しずつです。それらの元素も、神経の信号を伝える電気を作ったり、酵素を動かしたり、タンパク質の柔軟性のもととなったりして役立っています。そのように人間は､多くの元素の「特性」を利用し、生命を維持しているのです。

人間を、分子・原子のレベルで見てみると、まず体には大量の**水**があります。そして、多くの**タンパク質**が絶妙なバランスを保ちながら存在しています。不要になったものは、二酸化炭素やアンモニアといった形で捨てられます。そうやって化学物質をコントロールしながら「生きている」状態をキープしているのが「**生**」だということができます。

そうして生きている状態を保つことを、科学の言葉では「**恒常性**（こうじょうせい）」といいます。この恒常性をじゃまするモノ、壊すモノが「**毒**」なのです。

わかりやすいのは、元素自体が毒性をもつモノです。この本では、1章に出てきたヒ素やタリウムなどがあてはまります。

ヒ素やタリウムは、人間の体に欠かせない**必須元素**とふるまいが似ています。そのため、人間は必須元素だと思って体に取り込んでしまいます。しかし、必須元素とは違うので、必要な機能が果たせません。そのため、タンパク質が機能しなくなったりします。結果的に**細胞**が死んでしまい、毒としての効果が現れるというわけです。

「毒」というのは、このように体の絶妙なバランスを崩したり、またはその巧妙なメカニズムを逆手に取ることで、機能を乗っ取り全体を破壊するものです。これまで「毒」という言葉を聞くと、「害があるモノ」「おそろしいモノ」と思うだけだったかもしれませんが、その「しくみ」を知れば、もっと深く、体のしくみや自然科学に興味がわいてくるはずです。

この本に登場するキャラクターやマンガが、きっとあなたを、これまで知らなかった「毒」の世界へと導いてくれることでしょう！

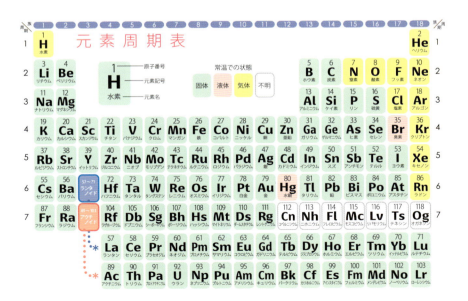

元素周期表

1（原子番号） H（元素記号） 水素（元素名）

常温での状態：固体　液体　気体　不明

周期＼族	1	2	3	4	5	6	7	8	9	10	11	12	13	14	15	16	17	18
1	1 H 水素																	2 He ヘリウム
2	3 Li リチウム	4 Be ベリリウム											5 B ホウ素	6 C 炭素	7 N 窒素	8 O 酸素	9 F フッ素	10 Ne ネオン
3	11 Na ナトリウム	12 Mg マグネシウム											13 Al アルミニウム	14 Si ケイ素	15 P リン	16 S 硫黄	17 Cl 塩素	18 Ar アルゴン
4	19 K カリウム	20 Ca カルシウム	21 Sc スカンジウム	22 Ti チタン	23 V バナジウム	24 Cr クロム	25 Mn マンガン	26 Fe 鉄	27 Co コバルト	28 Ni ニッケル	29 Cu 銅	30 Zn 亜鉛	31 Ga ガリウム	32 Ge ゲルマニウム	33 As ヒ素	34 Se セレン	35 Br 臭素	36 Kr クリプトン
5	37 Rb ルビジウム	38 Sr ストロンチウム	39 Y イットリウム	40 Zr ジルコニウム	41 Nb ニオブ	42 Mo モリブデン	43 Tc テクネチウム	44 Ru ルテニウム	45 Rh ロジウム	46 Pd パラジウム	47 Ag 銀	48 Cd カドミウム	49 In インジウム	50 Sn スズ	51 Sb アンチモン	52 Te テルル	53 I ヨウ素	54 Xe キセノン
6	55 Cs セシウム	56 Ba バリウム	57～71 ランタノイド	72 Hf ハフニウム	73 Ta タンタル	74 W タングステン	75 Re レニウム	76 Os オスミウム	77 Ir イリジウム	78 Pt 白金	79 Au 金	80 Hg 水銀	81 Tl タリウム	82 Pb 鉛	83 Bi ビスマス	84 Po ポロニウム	85 At アスタチン	86 Rn ラドン
7	87 Fr フランシウム	88 Ra ラジウム	89～103 アクチノイド	104 Rf ラザホージウム	105 Db ドブニウム	106 Sg シーボーギウム	107 Bh ボーリウム	108 Hs ハッシウム	109 Mt マイトネリウム	110 Ds ダームスタチウム	111 Rg レントゲニウム	112 Cn コペルニシウム	113 Nh ニホニウム	114 Fl フレロビウム	115 Mc モスコビウム	116 Lv リバモリウム	117 Ts テネシン	118 Og オガネソン
*				57 La ランタン	58 Ce セリウム	59 Pr プラセオジム	60 Nd ネオジム	61 Pm プロメチウム	62 Sm サマリウム	63 Eu ユウロピウム	64 Gd ガドリニウム	65 Tb テルビウム	66 Dy ジスプロシウム	67 Ho ホルミウム	68 Er エルビウム	69 Tm ツリウム	70 Yb イッテルビウム	71 Lu ルテチウム
*				89 Ac アクチニウム	90 Th トリウム	91 Pa プロトアクチニウム	92 U ウラン	93 Np ネプツニウム	94 Pu プルトニウム	95 Am アメリシウム	96 Cm キュリウム	97 Bk バークリウム	98 Cf カリホルニウム	99 Es アインスタイニウム	100 Fm フェルミウム	101 Md メンデレビウム	102 No ノーベリウム	103 Lr ローレンシウム

いちおう
地図どおりに
歩いてきたけど
妙にどんより
してるなあ
……いや
これ
雲じゃない
煙突の
煙だ！
ゴオオオオオ…
立入禁止

手が
かかるん
だから！
いてっ

2
ドクドク工業地帯
低分子毒

ぼくたち私たちの暮らしを支えてくれている工業。

でもその発展の裏側では、さまざまな「公害」が生み出されてきた。

ここは、そうした工場から出てきた小さな（低分子の）毒の精たちのいこいの場。そのままでは毒である彼らだけど、使いようによっては便利な薬品にもなり得るんだ。

まだまだ小さい毒だけど、それが毒のままで終わるか、はたまた大きな世界を支える物質になるのかはあなたしだい !?

オムネー イニシアム エスト ディフィシル
―― Omne initium est difficile.　多くの始まりは困難である ――

No. 6 シアン化カリウム

青酸カリとは
俺のことさ！
シアンは「青い色」
の意味（シアン化カ
リウム自体は白色）
反応性が高く
密閉保存しな
いと分解する
血液に作用する毒
なので吸血鬼の姿

WANTED

名　前　**シアン化カリウム**

化学式　KCN

大きさ　65.12

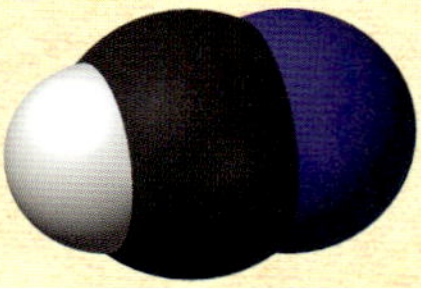

シアン化水素（青酸ガス）

毒性・症状

いわずと知れた有名な毒だ。青酸カリ（シアン化カリウム）が体内に入ると、胃酸と反応してシアン化水素（青酸ガス）が発生する。このシアン化水素が青酸カリの毒性の正体さ。細胞に入ると細胞の呼吸を止めてしまうので、細胞を殺す速効性の毒となるんだ。

シアン化水素はアーモンドのような香りをもっていて、中毒者の口からにおいがすることもあるぞ。

由来・用途

ミステリードラマや小説によく登場する。昔は町中にメッキ工場などがあり、今とは比べものにならないくらいズボラに管理されてた。だから、くすねて持ち帰ることも可能で、比較的「身近な毒」だったんだ。そのため、ドラマや小説の毒殺犯が使う毒としてよく使われたというわけ。しかし、いまは小さい工場はそれほどないし、もちろん持ち出しできないように厳重に管理されているので、現代のミステリードラマに出てくるのはちょっとおかしいぞ。

毒性が強いということは反応性が高いということさ。だから、通気性のよい容器などに入れているとすぐに分解してしまうことも覚えておくとよいだろう。

※クリスティの小説では、ラジオを青酸ガス入りの瓶に封入し、音量で割れるようにして凶器とした。

俺の能力は酸欠を起こさせることだ
細胞を動けないようにして酸素を取り込めなくさせるのさ！
しかも口から入ってすぐに効くから
お前の好きな推理小説で凶器にするのにうってつけだ
でもぶっちゃけ青酸カリってそれほど簡単に手に入るものなわけ？
それはクリスティの時代の話だよ……
今どきの小説で俺を凶器にしてるやつは非現実的だと思ったほうがいいさ
まあどうせフィクションですし

No. 7

一酸化炭素

一酸化炭素が
燃えるときの色は
紫色で美しい
一酸化炭素と結合
したヘモグロビン
は強い赤みを示す
分子内に三重結合
をもつので３本の
ピンタック
CO
練炭などの不完全燃
焼時に発生するので
練炭みたいな靴下

燃えきってないの…

WANTED

名　前　一酸化炭素

化学式　CO

大きさ　28.01

毒性・症状

人間の酸素運搬のメカニズムときわめて相性が悪いんだ。酸素より強く血中のヘモグロビンと結びついて酸素運搬のじゃまをしてしまうのさ。しかも、不完全燃焼で簡単に生じるので、きわめて危ない毒ガスというわけ。空気中にわずか 50 ppm（0.005%）含まれるだけで具合が悪くなり、1000 ppm（0.1%）だと即死もありうるぞ。

中毒初期は手足が重くなり、しだいに身動きが取れなくなって死んでしまう。だから、中毒に気づいても自力で助かりにくいってわけ。治療は、とにかくまずは、患者を新鮮な空気のある場所に移し、酸素を吸入させ、酸素を体中に行きわたらせることが大事だぞ。

由来・用途

昔は都市ガス中に多く含まれていたので、ガス栓をひねって一酸化炭素中毒で自殺しようとする人がいた。しかし、現在の都市ガスには一酸化炭素はほとんど含まれちゃいない。それを知らない脚本家が、現代のドラマでガス自殺をさせていたりするが、それは不可能だぞ。

一酸化炭素は人間のヘモグロビンとは強く結びつくが、昆虫などが酸素運搬に使うヘモシアニンにはほとんど結びつかないんだ。そのため、昆虫にとって一酸化炭素はまったく無毒なのさ。

バターン
！！
やっぱ
閉じ込められた！
ゆら…
あら
かわいそうな
人間ね
いったい何に
追い詰められて
ここに来たの？
CO
EXIT
こ……
ここから
出して下さい
非常口なら
ここにあるけど
ガー
普通に
出られる
んかい
私は閉めきった
部屋のほうが
好きなのよ
でも人間が私と
部屋に閉じこもると
あなたは息ができなく
なっちゃうわ

と
いうのも
人間の血液中で
酸素を運ぶ
ヘモグロビンは
実は酸素より
私と仲がいいのよ
ヘモグロビンは
酸素と私がいれば
私のほうを選ぶと
いうことね
私はヘモグロビンと
結ばれてハッピー
人間の酸欠が
どうとかなんて
知らないわ
自分勝手な人とは
関わりたくない……
そそくさ
じっ
いやなんで
ついてくるの！？
あなたの
ヘモグロビンに
惚れちゃった
意味わかんないし
困るんだけど

No. 8 硫化水素

腐卵臭をもち、実際に
ゆで卵を作る際も発生
火山ガスなので溶岩の髪型
温泉地に発生する
ので浴衣
H2S
おいらの
においは
ゆで卵！

WANTED

名　前　**硫化水素**

化学式　H_2S

大きさ　34.08

毒性・症状

　無色の気体で、腐った卵のにおいとも、ゆで卵のにおいとも言われるぞ。実際、卵には、シスチンやメチオニンといったイオウ元素をもつアミノ酸が含まれている。ゆで卵特有のにおいは本当に発生した微量の硫化水素のにおいってわけ。

　毒性は次に紹介する塩化水素と似ていて、細胞の呼吸活動を停止させ、腐食させるんだ。ヘモグロビンは硫化水素と結びつくと緑色になるので、硫化水素中毒で死ぬと緑がかった肌の色となり、肺はヘドロのような緑色になってしまうぞ。

由来・用途

　火山地帯では、土中から吹き上げていることがある。また、空気より重い気体なので、風のない日などには、くぼ地にたまるんだ。そこに足を踏み入れるとすぐに意識を失い、そのまま死亡するという事故になることもあるぞ。温泉のにおいはだいたい硫化水素なんだけど、温泉でにおう程度なら無害だ。

　中毒の場合は、とにかく新鮮な空気を吸わせること。それもできるだけ 100%酸素を吸わせることが望ましいぞ。

何ここ
温泉？
もわ〜〜
おう
そのとおりだ
休んで
いくか？
もっ
もっ
女湯で
お願いします……
まあ休まないにしても
温泉卵くらい
食べていきな
卵くらいなら
食べても
大丈夫か……
温泉って毒ガス
まみれじゃん
危なくないの？
おいら硫化水素は
ゆで卵の中にもいる
だから温泉のにおいは
卵みたいってのは
まちがった表現じゃ
ないんだよ
H2S

危ないのは
くぼ地とか
下のほう……
すくっ
おまえ妙に
ビビリだな
おいらの
比重は
空気より
大きいから
よいしょっと
こういう
へこんだ所が
落ち着くのさ
人間が
そこに
入ると
ノックダウンって
いって
すぐ意識を
失う
……来ないの？
いやいや

No. 9 塩化水素

傷つけちゃうから さわらないで！

WANTED

名　前 **塩化水素**

化学式 HCl

大きさ 36.46

毒性・症状

塩素と水素だけの簡単な構造。このガスが溶けた水が「塩酸」さ。塩化水素や塩酸は、錬金術師の時代から知られ、加熱した硫酸を塩に加えると毒ガスが発生した記録が残っているんだ。

毒性は、触れただけでタンパク質を分解してしまう腐食性。高濃度のガスを吸い込むと肺の細胞が破壊され、肺水腫などを起こして死んでしまうこともある。水溶液である塩酸も強力な酸なので、触ると危険だ。うっかり触ると少量でも激しく痛むぞ。最低でも 15 分以上は、流水で洗う必要があるな。

由来・用途

トイレの酸性洗剤にも含まれ、身近で危ない毒ガス。洗剤には濃度10%以下のものが使われる。濃塩酸は 35%程度。アンモニアと反応して塩化アンモニウムとなり、白煙を生じる。アンモニア濃度の高いトイレだと、掃除をしたときに白煙が発生することもある。換気に注意だ！　そして絶対に次亜塩素酸系の洗剤と混ぜないこと！

工業的にもきわめて重要な酸なんだ。不安定な塩基性の薬剤も、塩酸と反応させて作る塩酸塩は安定性が高いことが多いから、多くの薬のラベルに「○○塩酸塩」などと書かれているぞ。

うわっ
雨だ！
早くここを
離れなきゃ
すっ
よかったら
これを……
え……
塩化水素です
私は工場
生まれなの
この服や
傘みたいな
塩化ビニールを
作ったり
燃やしたり
した後の
副産物だよ

そういった
排ガスが
水に溶けると
雨は強酸の
水溶液になって
金属を
溶かすことが
できちゃうの
ぼ
ろっ
うお
すごっ
禁止
やっと
出られたよ
ありがとう！
ここ通れたら
マズいんじゃねえの？
・・・。

毒楽★毒学

「環境をこわす科学技術は悪か？」の巻

いま生きている、ぼくたち・私たちの暮らしは、とても衛生的で便利です。生まれたときから水道があり、空気はきれいで、食べ物に困ることもありません。

このような暮らしができるのは、人類が**文明**を築き、より便利な世界へと切磋琢磨しながら**科学技術**、**テクノロジー**を開発・発展させてきたからにほかなりません。ちょっと 10 年前を振り返ってみましょう。そのとき、スマートフォンやドローンといったものがここまで普及するとはほとんどの人が思わなかったことでしょう。さらにその前の 10 年間では、パソコンの性能が驚くほど進歩しました。その前の 10 年では……と、10 年、20 年という間隔で見ると、文明は着実に進んでいます。日々の暮らしのなかでは、文明の進歩なんて、なかなか気がつきませんよね。

ところで、そうした文明を支える技術が新しく発展するときには、副産物として「**環境汚染**」がほぼセットで出現します。特に、急激な産業の発展とゴミ問題はセットであり、そのゴミが有害であれば環境汚染という形で、「**毒**」が生み出されるのです。

たとえば、中国の大気汚染がすごい……というのも、ここ 10 年あまりの中国のすさまじい経済発展とセットになって出てきているわけです。

かつての日本も同じでした。社会の教科書にものっている**足尾銅山**は、その銅鉱山からの廃液と、銅の製造時に発生する大量の亜硫酸ガスによって、ひとつの河川とその流域の山を、死の世界へと変えてしまった事例です。また、**イタイイタイ病**や**水俣病**などは、環境汚染による「毒」が原因で生じた**公害病**でした。

現代の日本では、そうした大規模な環境汚染による公害病は見られなくなりました。しかし、たとえば、わたしたちの暮らしに欠かせないスマートフォンに使われるインジウムなどの**レアアース**は、硫酸アンモニウムで土壌を処理することによって取り出されています。そのとき、同時に出てくる不要な元素が**廃液**として投棄されたりします。わたしたちの知らぬ遠い地で、大きな健康被害や環境汚染問題が引き起こされているのです。

このように、テクノロジーの影では環境汚染が発生することがよくあります。じゃあ、テクノロジーは悪ということなのでしょうか？

そのように主張する極端な環境団体もありますが、一方で、こうした環境問題を克服できるのもまた科学技術であるということを忘れてはいけません。

実際に、いま、日本の工場の廃液は川に流しても問題のないレベルに**浄化**されています。それを可能にしたのも科学技術です。みなさんには、科学は多くの側面をもっていることを知っておいてほしいと思います。そうすれば、ものごとをより深く見ることができるはずですから。

中国で深刻な問題となっている大気汚染（上）
鉱山の影響で汚染されたスペインの川（右）

お……
おなかが
空いてしまった
ぐぅ
むっ
これは
いやいや
得体の知れないものは
やめておこう
もっと私の
知ってる
植物を探そう
うっそーーーー
奥に入りすぎ
ちゃったよ……
いーけないん
だーーの
泣かせるなんて
最低ね!

3
蠱毒(こどく)の森

◆生物毒◆

世界をぐるりと見わたせば、数多くの毒がある。毒には薬になるものも多い。そうした多くの毒は自然のなかで見つかった。

古来より、そうした未知の薬−毒を求めて、人類は世界各地を旅した。現在も、治療法のない病に効く薬−毒を探し求め、熱帯雨林や洞窟の植物、カビ、昆虫を調べる冒険者もいる。ある毒は植物の樹液に、ある毒は虫の毒針に、ある毒はキノコに、ある毒は魚の内臓に……。

そう、ここは、好奇心にかられて触れると危険な自然毒が集まる森。

—— Quieta non movere(クイエータ ノン モーヴェレ)　触らぬ神に祟りなし ——

No. 10 アコニチン

トリカブト毒は
シビれるぜ！
トリカブトの
花のような頭
わりと大きい分子
なので大人っぽい
アイヌ民族が毒矢に
用いたのでアイヌの
民族衣装風
矢毒として利用
された

WANTED

名　前 アコニチン

化学式 $C_{34}H_{47}NO_{11}$

大きさ 645.72

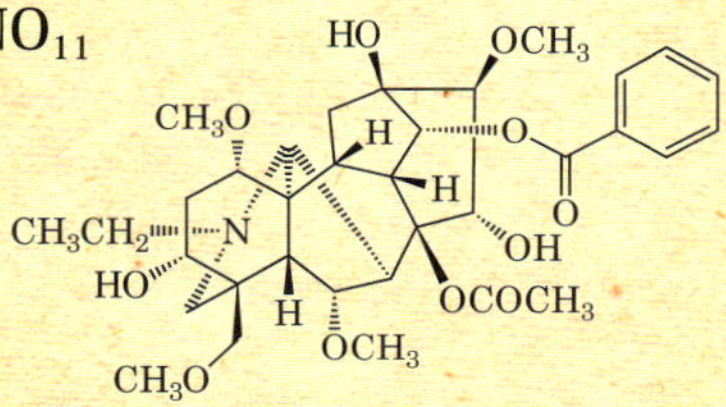

毒性・症状

比較的低い山にも生える高山植物で、寒冷地を好む毒草トリカブト。その主成分がこのアコニチンさ。

体の中の神経の正常な働きである「分極」（電位の差ができること）をおかしくし、生命を維持するための神経伝達をきちんとできなくしてしまうんだ。

症状としては、くちびるから胸腹部が焼けたような感じになり、さらに分量が多いと呼吸麻痺ないしは心臓麻痺になって死に至るぞ。

熱にも乾燥にも強いタフな毒なんだ。

由来・用途

トリカブトの葉は、ニリンソウやヨモギ、ゲンノショウコなどの食べられる山野草と似ているぞ。だから、山野草に詳しくない人が間違って採取して誤食する中毒事故が、毎年のように起きてしまうってわけ。味はすさまじく辛いけど、危険なので、味見は最後の手段だ！

トリカブトは毒矢の毒に適しているため、古い人類の狩猟の歴史をひも解く鍵となったりもするんだ。日本ではアイヌ民族が毒矢の毒として用いていたことが有名だぞ。

あっ
ヨモギだ！
小さいころ
ヨモギ団子
作ったなー
ぎゃっはっは
またたまされた
ヤツがいる
みたいだな
そいつはアタイ
アコニチン様が
入った毒草
トリカブトだよ！
ゲラゲラ
そいつをちょっとでも
食ってみりゃすぐに
お前さんの神経は
興奮状態になって
息も心臓も止まっちまうぜ
アタイは親切だから
特別に教えてやる
その服
かわいい～！
人の話を聞け

※アイヌ民族はトリカブトのほかに、エイ、マツモムシ、クモ、タバコなど、多くの毒を矢毒に用いた。

No. 11 アトロピン

点眼薬の用途をイメージ
した眼帯
薬にも
なります！
医療用にも使われる
ので白衣
チョウセンアサガオ
の花のような衣裳
毒と薬の二面性を表す
アシンメトリーな姿

WANTED

名　前　アトロピン

化学式　$C_{17}H_{23}NO_3$

大きさ　289.36

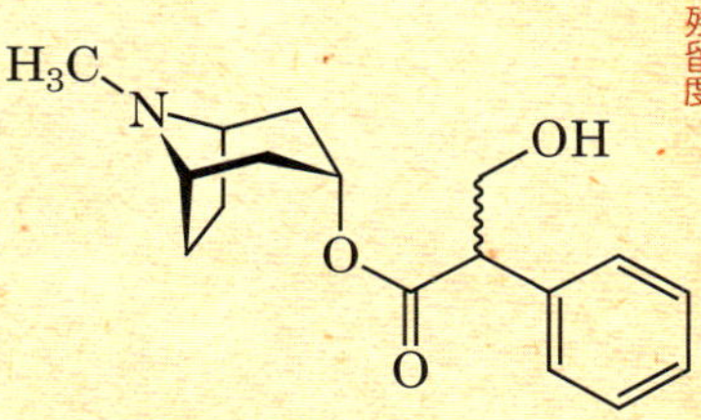

毒性・症状

チョウセンアサガオやハシリドコロという、ナス科の植物に含まれる毒。アセチルコリンという神経伝達物質の受容体をブロックし、神経伝達を止めてしまうことで毒性が生じるんだ。

致死量まで服用することはめったにない。毒性もそれほど高くない。しかし、幻覚を見せたり、自分がどういう状況か理解できなくなる「せん妄」という症状が出たりするので、事故につながる恐れがあるというわけだ。

少し前に、チョウセンアサガオに野菜のナスを接ぎ木した株から育ったナスを食べた人が、アトロピン中毒で入院するという非常に珍しい事件があった。どうやら接ぎ木で毒入りナスができるらしいな。

由来・用途

副交感神経の働きを抑制するという目的で、今でも医療用の注射薬として使われているんだ。何十年も前には目薬にも含まれていて、目の緊張をほぐすために使われていたぞ。

アセチルコリンの受容体をブロックするという働きを利用して、アセチルコリンが神経に害をおよぼすサリンや有機リン系の農薬中毒の解毒薬としても使われるのさ。

HOSPITAL
つまり
あなたは
私たち
毒物の世界に
迷い込んで
しまったと
いうのですね……
私のせいで
悪い幻覚でも
見ているのでは
ないでしょうか
はい起きて
くださいね〜
ぎゅ――
痛い
痛いです
幻覚じゃ
ないんです！
アトロピンさんは
幻覚を見せられるん
ですか？
私ができるのは
正確には
アセチルコリン伝達の
阻害ですね
アセチルコリンは
神経伝達物質の
ひとつだから
それが伝わらなく
なることで
脳に影響をおよぼし
結果的に幻覚を
見るということです
はい
ストップ。
RECEPTOR
ACh
アセチル
コリンだよ。
となりの細胞に
結合するよ
結合でき
ないよ…

※中世時代には目を大きく見せるための点眼薬として使われたこともあった。

No. 12 アミグダリン

2分子のグルコース
を表す髪型
あみぐだりん
CN
ウメの未熟な
果実に含まれ
るので見た目
が幼い
分解すると
シアン化水
素が発生

若いけど
お母さん!

WANTED

名　前　**アミグダリン**（アミグダロシド）

化学式　$C_{20}H_{27}NO_{11}$

大きさ　457.42

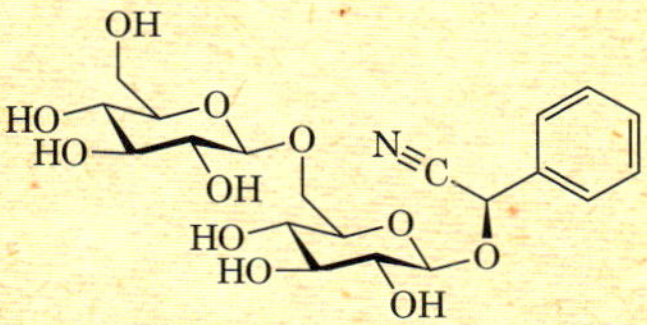

毒性・症状

アーモンドやウメ、モモ、アンズ、ビワといったバラ科の植物の青い実や種に含まれる。食べものとして体に入り、腸内細菌によって分解されたときに初めて毒物となるという変わった性質をもつんだ。

アミグダリンは「青酸配糖体」というものに分類される化合物。その名のとおり、青酸（シアン化水素）と糖がくっついてるぞ。人間は、本来これを分解できないので栄養にできない。しかし、腸内細菌が作るβグリコシダーゼなどの酵素の働きで、青酸と糖を分け、糖を取り込むことができるのさ。その結果、余った青酸が突然腸内に発生し、即効性であるはずの青酸中毒が時間差で起きるというわけだ。

由来・用途

青い果実に含まれるアミグダリンは、果実の成熟とともに糖と青酸に分解される。青酸は分解されやすい成分なので、果実には糖分だけが残るわけだ。しかし、青いウメには青酸が含まれていると聞くと、梅干しや梅酒といった青い梅から作る食べ物は大丈夫かと心配になるかもしれないな。実は、梅酒や梅シロップ、梅干しといった食品でも、高濃度の砂糖の中で果実の熟成が進んで無毒となるのだ。なので、漬けたばかりの梅酒をがまんできずに飲むのは危険かも……

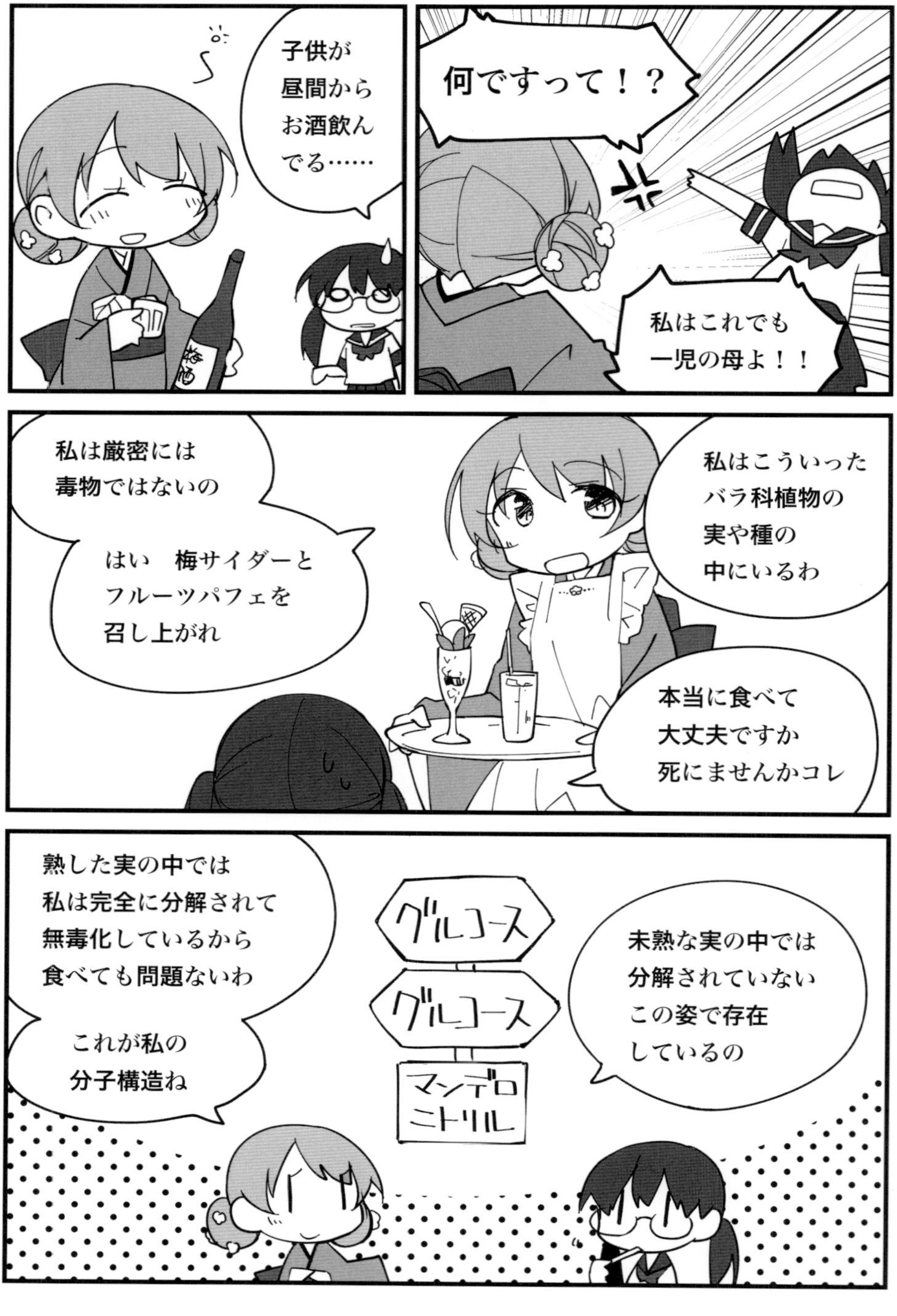
子供が昼間からお酒飲んでる……
何ですって！？
私はこれでも一児の母よ！！
私は厳密には毒物ではないの
私はこういったバラ科植物の実や種の中にいるわ
はい　梅サイダーとフルーツパフェを召し上がれ
本当に食べて大丈夫ですか死にませんかコレ
熟した実の中では私は完全に分解されて無毒化しているから食べても問題ないわ
未熟な実の中では分解されていないこの姿で存在しているの
これが私の分子構造ね
グルコース
グルコース
マンデロニトリル

青い実を食べると
実が熟する段階で
起きるはずの
分解プロセスが
腸内細菌によって
体内でおこなわれるの
グルコース
グルコース
シアン
アルデヒド
ここで発生する
シアン化水素が
有毒なのよ
そのシアンって
さっき会った
ような気がする……
要するに私の毒性は
シアン化水素の毒性と
いうわけね
アミグダリンさん自身が
毒ではないってのは
そういうことなんだ
ただいまー
そのとおり！
俺のことさ
CN⁻
お母さんってよびなさい
シアンの
ねーちゃん！
パフェください
怒る姿は
母のそれだ……
H₂S

No. 13 アニサチン

喪服が似合うでしょ？

シキミの実をイメージした髪型
シキミの葉は芳香成分を含み線香などに利用される
シキミは仏事用の植物なので喪服を着ている

WANTED

名　前　アニサチン

化学式　$C_{15}H_{20}O_8$

大きさ　328.31

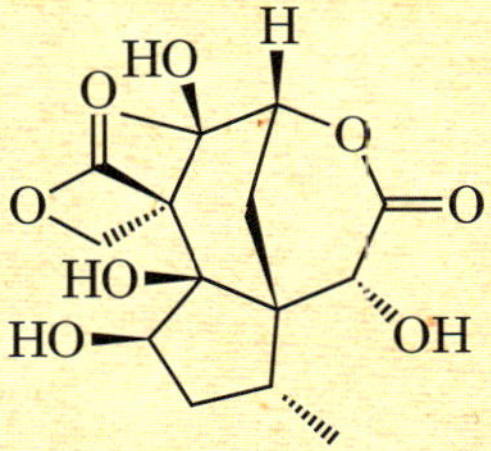

毒性・症状

強いけいれんを引き起こす毒だ。シキミという植物の実に含まれるぞ。シキミの名は「悪しき実」の略というくらいに、毒のある実として有名だぞ。シキミの葉は、サフロールというよい香りの成分をもち、線香の材料にもなったりもする。

ほかにも自然界では、ドクウツギという植物に、コリアミルチンというよく似た構造をもつ猛毒が含まれているな。

由来・用途

シキミの実が数十粒ないと致死量にならないので、人間が中毒死する例は少ない。しかし、中華料理に使うよい香りのスパイス「ハッカク（八角）」と同じ仲間で、見た目もそっくりのため、ハッカクとして出回ってしまうと非常に危険だ。そのため、実自体が「毒物及び劇物取締法」によって劇物に指定されているぞ。

人間の場合は誤って摂取するとしてもスパイスとしてなので、大容量になることは少ないだろう。しかし家畜の場合、アニサチンを多く含むタネごとシキミの葉を食べてしまうので、死んでしまう例があるんだ。家畜がいる場合は注意が必要だな。

やばい
墓場じゃん
ここはマジで
出そうだ
早く抜けないと
うふふ　いらっしゃい
私はアニサチン
けいれんを起こす
毒物なの
ひえぇ出た
幽霊じゃないけど
私はシキミという
植物に含まれているわ
シキミは仏前に供えられたり
お線香に使われたりしていて
不思議と死にゆかりがあるのよ
めっちゃ不吉な
人だ……
あら失礼しちゃう
神聖だと言って
ちょうだい

シキミは植物全体に
毒成分を含むけど
シキミの名前は
「悪しき実」の略だと
言われるように
種子は私アニサチンの
含有量が特に多いわ
さらにシキミの実は
スパイスの八角に
見た目が似ていて
誤食の危険があるから
法律で劇物に
指定されてるのよ
八角
シキミ
☆八角より小さくて
先がとがっているぞ
植物なのに！？
毒物の怖さにも
いろいろあるわけよ〜
そう思うと
この世界を歩くのも
楽しいんじゃない？
いやでもやっぱり
ここは少し
薄気味悪い……
チーーーン

No. 14 テトロドトキシン

WANTED

名　前　**テトロドトキシン**

化学式　$C_{11}H_{17}N_3O_8$

大きさ　319.27

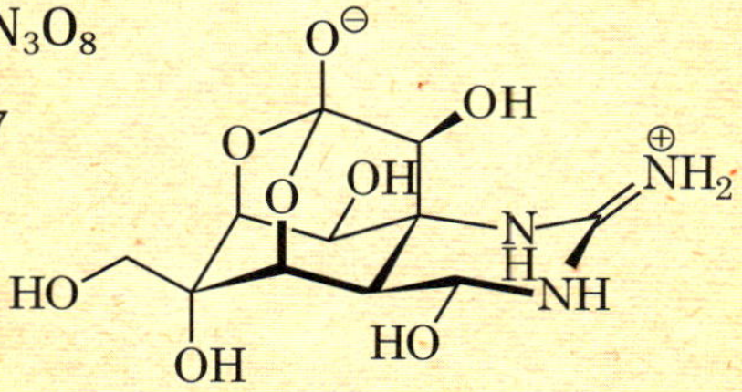

毒性・症状

いわずと知れたフグの毒。神経毒さ。同じ神経毒といっても、アコニチン（トリカブトの毒）が神経を興奮状態にしてしまうのに対し、テトロドトキシンは正反対で、興奮をストップさせる働きがあるんだ。

体に入ると、血圧がゆっくりと下降し、意識も混乱し、指先さえ動かすこともできなくなる……。やがて、呼吸器や心臓の筋肉も麻痺(まひ)し、死に至るというわけだ。

死ぬのにかかる時間は、毒量によって１～８時間。逆にいえば、８時間もちこたえれば、体内で分解され、死ななくてすむといえるぞ。

由来・用途

日本でのフグの食用の歴史は、平安時代中期から始まったそうだ。しかし、縄文時代の貝塚（狩猟生活をしていた縄文人のゴミ捨て場跡）からフグの骨が大量に見つかっているんだ。一部の臓器を避けて食べれば無毒であることを、日本人は数千年前からやっていたらしいな。

また、石川県では、なんと猛毒を含む卵巣を酒粕に漬け、発酵食品にすることで食用にしているぞ。テトロドトキシンの分解過程はよくわかっていないらしいが、実際に無毒化しており、食べることができるんだ。

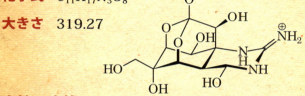

※アコニチンとテトロドトキシンの毒性が真逆であることを利用した、時間差殺人事件もあった。

でもやっぱり
テトロドトキシンといえば
フグのイメージですよ
一種の生物にずっと
付き従っている
わけではない
というのはまさに
生物毒の特徴だね
キミもアコニチンみたいな
ことをいうんだね……
水棲生物
だけじゃない
イモリやカエルにも
僕を使っている
者がいるよ
微生物をはじめ
カニやタコ
それに貝類
ぎゃはは
むくれた
フグみてーだ
フグじゃ
ないよ！
むっ
仲いいじゃん……
まあ食物連鎖に
乗っている以上
僕がこれからどの
生物のもとへ行くかは
誰にもわからないん
だけどね……
おーい
フグ助

No. 15 イボテン酸

おいしいの！
殺ハエ剤にも
使われるので
ハエたたき
ベニテングタケ
のような衣裳
小さめの分子な
ので子どもの姿
『不思議の国の
アリス』に登場
するのでエプロ
ンドレス
glutamate receptor
muscimol

WANTED

名　前　**イボテン酸**

化学式　$C_5H_6N_2O_4$

大きさ　158.11

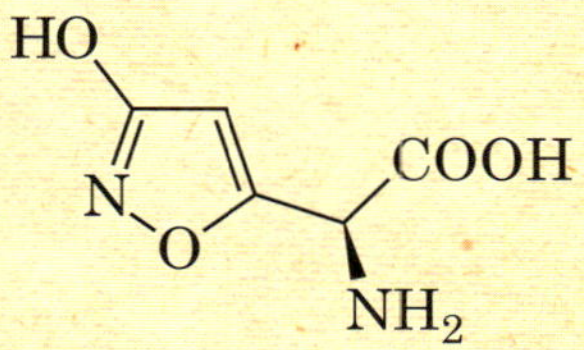

毒性・症状

脳内でグルタミン酸とまちがわれ、中枢神経に作用し、幻覚を起こすなどの毒性を生じる。明らかに毒キノコに見えるのに、ベニテングタケを食べ、イボテン酸中毒がたまに起きてしまうのはなぜか。それは、このイボテン酸が「おいしい」からなのだ。

イボテン酸とその分解物であるムッシモールには、魚介類のようなうま味があり、お吸い物などにすると非常においしい。少量では中毒が起こりにくいので食べる人もいる……。干したテングタケをかじると、ジャコやスルメのような味がするようだが、おススメしません！

由来・用途

人間には幻覚が生じる程度の毒だが、昆虫類には致命的に働くんだ。特にハエは、腐ったベニテングタケをなめただけで、飛び立つ前に死んでしまうことがある。だから、ハエを駆除するために世界中で使われていた記録があるのさ。

ベニテングタケが有名だけど、テングタケの仲間全般に含まれる。実は、茶色いテングタケのほうが含有量が多いんだ。テングタケにはイボテン酸以外の毒性分もいくつかあるので、煮込んで水にさらすなどしてイボテン酸以外の毒を減らし、食用にする地域もあるぞ。

※昆虫はほ乳類と神経伝達物質を使う場所が異なるため、人には弱毒でも昆虫には強毒になることがある。

それに
おいしい
から
てれっ
おいしいの！？
なんでそこで照れるの
うえーん
全部全部
ほんとだもんー！
じったばった
わかった
ごめん
ちゃんと聞くから！
私はグルタミン酸って子に
見た目も味も似てるから
ニンゲンの
中枢神経系は
私をグルタミン酸と
取り違えちゃうの
でも似てるとはいえ
しょせん別物だから
中枢神経系は
正しく動けなく
なるんだ
それでも毒キノコを
食べちゃうなんて
ようするに
ニンゲンの目はふし穴で
欲に逆らえない
おバカさんって
ことだよね
子どものくせに……

No. 16 アフラトキシン

カビって
けっこう
怖いですよ！
この毒を作り出すカビ名の由来であるキリスト教神具アスペルギルムをもつ
遅効性なので
おとなしそう
カビの一種アスペルギルス・フラブスが作り出す
緑色のコロニーを形成するカビもある

WANTED

名　前　アフラトキシン

化学式　$C_{17}H_{12}O_6$

大きさ　312.28

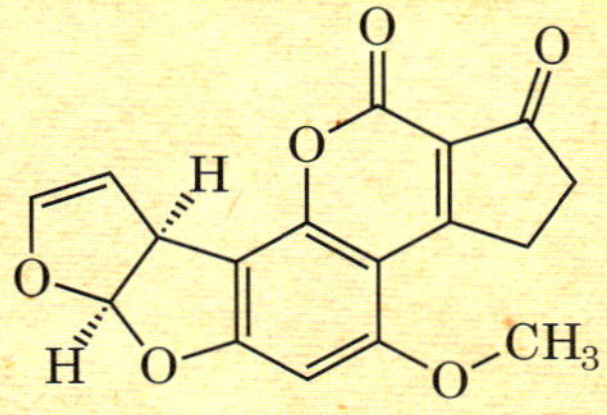

（アフラトキシン B_1）

毒性・症状

　肝臓を集中して壊す発がん性をもつ。熱帯地方に多くいる「アスペルギルス・フラブス」という、穀物に生えるカビが生み出す毒だ。

　1960 年代、イギリスの七面鳥農家が、エサに少しカビの生えたピーナッツを使ったところ全滅してしまった。その原因が調べられたときに見つかったんだ。のちに、このカビの作る毒は猛毒で、微量でも長期に服用すると肝臓がんを引き起こすことがわかったのさ。

　少なくとも 16 種類が見つかっており、特にアフラトキシン B_1 の毒性が強いぞ。

由来・用途

　アフラトキシンは、カビが作る毒素（マイコトキシン）のなかで最も有名なものだ。数百マイクログラムという超微量でも発がんの恐れがあるので、輸入のアーモンド、ピスタチオなどは注意が必要だ。輸入時には検査もおこなわれているが、その後の保存状態によってカビが増える可能性もあるわけだ。古い穀物は食べないようにしよう！

　なお、実験によって、肝臓の細胞内にある核酸と結合することがわかっている。それによって細胞の機能全体を壊したり、がん化させたりするようなんだ。

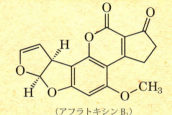

私はなにか
悪いことをしたから
この世界に連れて
こられちゃった
のでしょうか……
聞いて
ませんよね
司祭さん
ボリ
ボリ
NUTS
重い悩みごとは
お腹を満たせば
だいたい解決する
ものですよ
NUTS
この世界の住人
なんで事あるごとに
何か食べさせ
ようとするの
われわれ毒物というのは
口から入るのが
いろいろとてっとり
早いんですよ
あっこれには別に
毒は盛られていませんので
A.flavus
アフラトキシンの
アフラってまさか
アスペルギルス・フラブスの
略ですか
いかにも
こういったナッツや
穀類などは
私の産みの親である
アスペルギルス・
フラブスの好物
なんですよ

アスペルギルス・フラブスはようするにカビですね
やっぱりこれ食べちゃダメなやつじゃないですか
ですからそれはカビてませんてば
でもほんの少しのカビでも私の力は発揮されます
その力は蓄積することで遅く　しかし確実に効く —
発がん性なのですよ
弱い毒でも何度も口に入れれば恐ろしい結果を招きます
ですから早く帰ったほうがいいですよお嬢さん
私は昼寝しますので
なんて怠惰な司祭なんだ

No. 17
ヒスタミン

かゆいんだけど！

アレルギーや炎症の原因となってかゆみや腫れをもたらす
蚊の唾液に反応して体内で作られる
比較的小さい分子なので子どもの姿
食品を腐らせる菌が作り出す

WANTED

名　前　**ヒスタミン**

化学式　$C_5H_9N_3$

大きさ　111.15

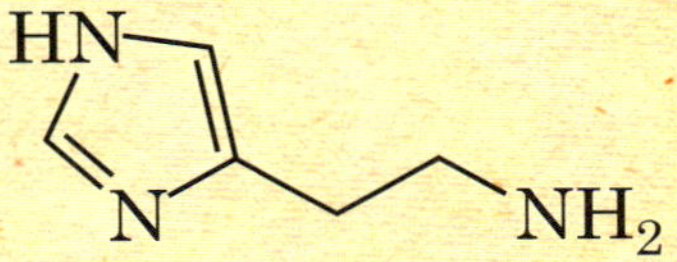

毒性・症状

自然界に本当に幅広く存在するので、毒という印象は薄いかもしれないな。脳内では、ヒスタミン作動性神経系といい、神経伝達物質として、起きている状態（覚せい信号）を司っているんだ。

しかし、腐った食べ物の中で細菌によって作り出されると、食中毒の原因になる。また、アレルギー反応によって体内で分泌され、炎症を引き起こすぞ。蚊に刺されてかゆいのは、蚊の唾液に反応して体内でヒスタミンが増えるせいさ。花粉症もヒスタミンの暴走のせいなんだ。そう考えると、最も多くの人を悩ませている毒かも……
…

由来・用途

ヒスタミンは、アミンという種類の化学物質だ。体内ではヒスチジンというアミノ酸から生まれるんだ。ヒスチジンは、多くの生き物の中に普通にあるので、ヒスタミンも多く生み出されるというわけ。

ヒスタミンは人間の体で炎症を起こす。その働きを抑えるために抗ヒスタミン剤を使うんだ。しかしヒスタミンは、脳内では目を覚ます神経で使われる。したがって、ヒスタミンの効果を抑えると、眠気が副作用として出てしまうのさ。

おわっ いつから そこに！？
あの…… ごはん ください……
その…… 腐ってても 構わないから
さっきもらった ナッツ 食べなけりゃ よかった……
ちぇっ モっさん そいつの血 吸っていいよ
モっさん.
いやだー かんべんして！！

※ヒスタミンは目を覚ます神経伝達物質として使われているので、抗ヒスタミン剤で眠気が生じる。

毒楽★毒学

「フグの毒はどこから来たの?」の巻

フグの毒である**テトロドトキシン**は、いくつかの海の生き物によって毒として使われていることが知られています。スベスベマンジュウガニやヒョウモンダコといった毒のあるカニやタコもこの毒をもっています。さらには、池や小川に生息するイモリの皮膚にも含まれることが知られています。

長い間、フグは自分でテトロドトキシンを作って毒化している魚だと思われていました。しかし、いまは、どうやら**微生物**に由来するのではないかと思われるようになってきました。

しかし、微生物が元であれば、どうしてほかの動物は毒化せず、フグや一部のカニやタコだけが、毒になるほど多い量をもっているのでしょう。

その後、テトロドトキシンをもつ動物の腸内から、テトロドトキシンを生産する細菌が見つかりました。そのため、テトロドトキシンは、自然環境から特定の動物の体内に入った微生物が腸内で生産している……のではないかという説が一般的になりました。

少なくとも、自然界でテトロドトキシンを作っているのは一部の細菌であることは確かなようです。

しかし、その毒の生産量を詳しく調べると、細菌が腸内で生み出せるのは、1匹のフグがもつ毒の量にはとうていおよばないことがわかりました。しかも、フグの腸内細菌が生み出すのだとすると、稚魚を水槽などで海から隔離して育てると無毒化する説明がつきません。それどころか、海で養殖されたトラフグに毒がないものがいることがわかり、フグの毒がどこからきているのかはまた謎となりました。

結果的に、フグの毒がどこから来たのか……それはフグが**進化**の過程で得た性質によるものであることがのちの調査でわかってきます。

たとえば、アジやイシダイなどの魚とフグに、テトロドトキシンが含まれたエサ（致命的な量ではない）を与えてみます。すると、アジやイシダイの肝臓ではテトロドトキシンは**無毒化**され消えてしまいます。それに対し、フグの肝臓は毒をたくわえ、すみやかに毒化することがわかりました。

また、フグは固いクチバシのような口をもっていて、ウニやカイ、カニなど普通の魚があまり食べないエサを捕食します。そうしたエサとなる動物はごくごく微量のテトロドトキシンをもっています。それが蓄積に蓄積を重ねて、はじめて、フグの肝臓に危険な量のテトロドトキシンが含まれるようになることがわかったのです。

これで、どうしてフグが毒をもっているのか、さらには季節に応じてフグの毒の量が変化する理由もわかり、一件落着した……といういきさつがあります。

海の毒ひとつでこれだけのドラマです。自然とは、本当に複雑で繊細なバランスによってできていることが、毒というキーワードから見えてきませんか？

ウニを食べるモヨウフグ（左上）
スベスベマンジュウガニ（右上）
ヒョウモンダコ（左下）
アカハライモリ（右下）

はっ
寝てしまった
なんか火薬の
においがする……
私そろそろ
わかってきたよ
イヤな予感が
したら
逃げる
……より
先に
巻き込まれ
るー！！！
お菓子
ください

4

煙の城下町

化学兵器

ここは戦場。古今東西、毒は狩猟の道具や罠（わな）として使われていた。

化学が発展すると、火薬や爆薬がつくり出され、産業の発展とともに兵器は凶悪化した。そしてついに人間は、兵器としての化学物質を生み出してしまった。それが「化学兵器」。

痛みを与えるだけのものから、皮膚を溶かすもの、すみやかに命を奪うものまで……

ここは、なにやらただならぬ雰囲気、「煙の城下町」。

―― Cogito, ergo sum.（コーギトー エルゴ スム） 我思う、ゆえに我あり ――

No. 18 CSガス

泣かせてあげる！
粘膜に作用するので目、鼻、口を隠している
催涙性をイメージした眼帯
警察に利用されているので婦警の服装

WANTED

名　前　**CS ガス**（クロロベンジリデンマロノニトリル）

化学式　$C_{10}H_5ClN_2$

大きさ　188.61

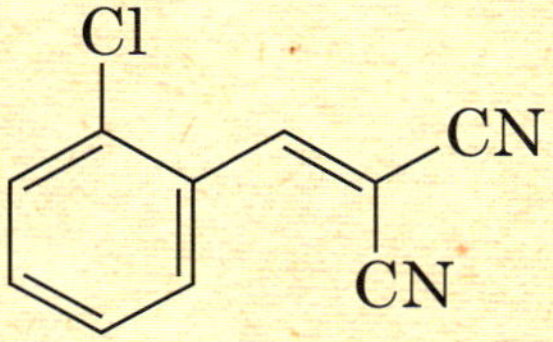

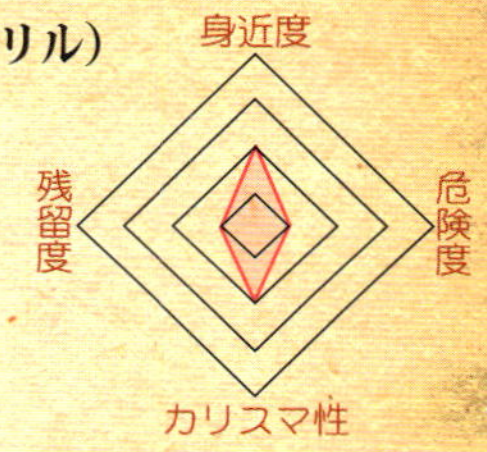

毒性・症状

アメリカの警察が、暴動鎮圧などに用いる催涙弾に使う。非常に強力な催涙剤のひとつなんだ。

体内の細胞のセンサーともいえる「TRP 受容体」という部分の、痛みを感じる部分に結合する。それによって、実際にやけどやケガをしていないのに痛み信号を伝えてしまうわけさ。そうした性質をもつガスが、目や喉の粘膜を刺激し、催涙剤として作用するんだ。

一般的に、催涙剤には、カプサイシンや CN ガス（クロロアセトフェノン）が使われる。しかし、CS ガスは、痛覚の鈍った薬物中毒者などにも効果が高い。だからアメリカではこれを使っているぞ。

由来・用途

実際に合成されたのは 1928 年で、かなり古い物質だ。当時は材料の高額さなどから、ほかの催涙剤がよいとされ、戦後まで日の目を見ることはなかった。戦後、アメリカで、CN ガスより強力な催涙性をもつガスとして再度注目され、商品化されたというわけ。ニトリルというシアン化合物を含むため、日本では使用が禁じられているぞ。

CS ガスの由来は開発者の Ben **C**arson と Roger **S**taughton（ミドルベリー大学）の 2 名の研究者の頭文字によるんだ。

あの　婦警さん
帰り道を……
なんだ
事件か！
ばん
街を荒らす
不届き者は
この私
クロロベンジリデン
マロノニトリルが
ねじ伏せる！！
長いから
CS でいいわ
ふんっ
いやそういう
事件じゃなくて
迷子なんです……
悪いけど
迷子は私の
管轄外でね
敵を殺傷せずに
痛みを与えて
動きを封じるってのが
私の仕事なのよ
CS さんはもしかして
いわゆる催涙スプレー
ですか？
そのとおりよ

ケガをして痛く感じるのは
細胞が傷つくという刺激が
脳に伝わるからなわけだけど
私のような催涙ガスは
細胞を傷つけるのではなく
刺激を伝える経路を
直接に刺激するのよ
でも皮膚は
防御力が高いから
粘膜をねらうの
そうすれば敵は
粘膜の痛みで一時的に
行動不能になるわ
涙
鼻水
咳
警察にぴったりの
力ってことですね
そうよ
誰も傷つけず
相手を倒せるなんて
私ってば
クールで
スマートだと
思わない？
わりとアグレッシブだと
思います……

No. 19 サリン

ターゲットは神経！

WANTED

名　前　**サリン**（イソプロピルメタンフルオロホスホネート）

化学式　$C_4H_{10}FO_2P$

大きさ　140.09

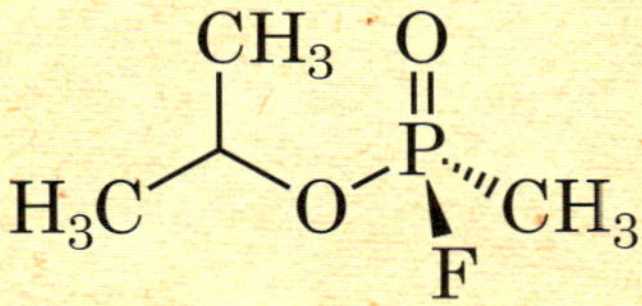

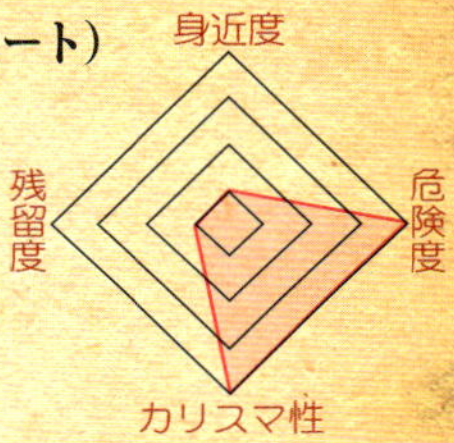

毒性・症状

殺虫剤のように人間を即死させる「神経ガス」という猛毒なんだ。

サリンを吸い込んだり触れたりしただけで体内に入り込み、すみやかに毒性が出る。嘔吐や発汗などが起こったあと、しだいに目の瞳孔がギューっと縮む「縮瞳（しゅくどう）」という特徴的な症状が出る。視界もほとんどなくなり、見えなくなっていく……。最終的に呼吸困難などを起こして昏睡し、死に至ってしまうんだ。

まさに人を殺めるためだけに開発された、毒になるべくして生まれた毒だといえるぞ。

由来・用途

人間にも強い毒性がある有機リン系殺虫剤の研究から、この毒ガスは生まれた。開発したのはあのナチスドイツ。ただし、開発しただけで使用はしなかった。公に人体に対して使われたのは、1990年代にオウム真理教が日本で起こした一連のテロ事件が初めてだった。

神経伝達物質のアセチルコリンを分解する酵素を壊してしまうことで、興奮状態が続くようにしてしまうのだ。そして、神経にダメージを与え、神経の支配下にある生命活動を止めてしまうぞ。

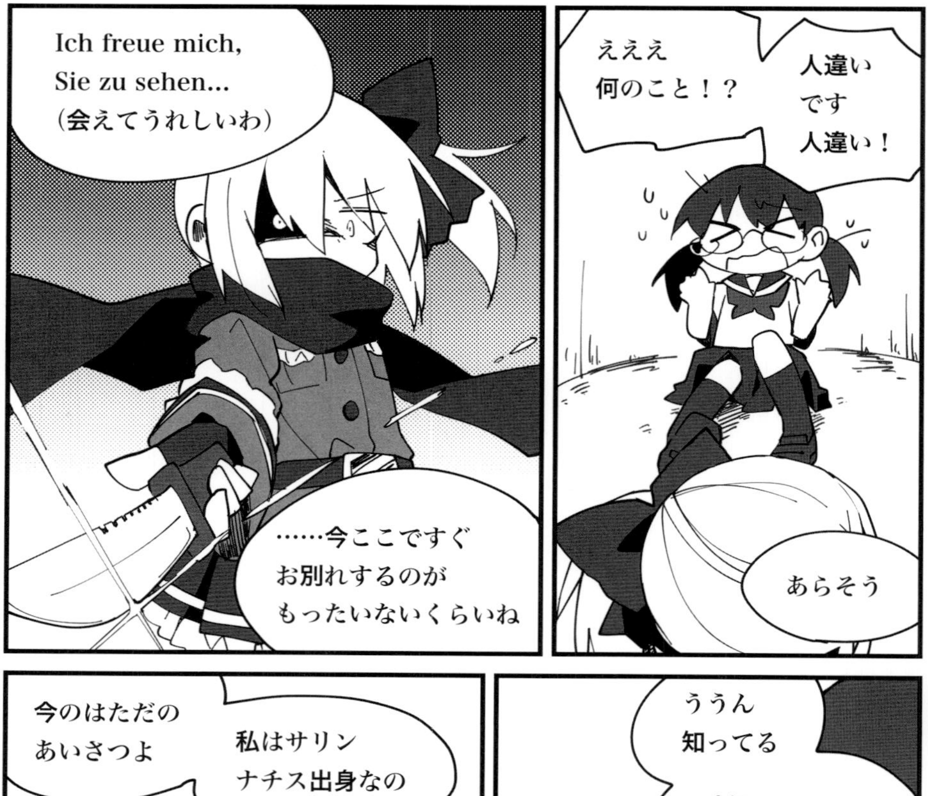
Ich freue mich,
Sie zu sehen...
(会えてうれしいわ)
……今ここですぐ
お別れするのが
もったいないくらいね
ええええ
何のこと！？
人違い
です
人違い！
あらそう
今のはただの
あいさつよ
私はサリン
ナチス出身なの
とは言っても
私のことなんて
知らないでしょうね
私は結局戦争には
連れて行かれ
なかったから
ううん
知ってる
新聞とかで
名前を見た……
……それで私の何が
わかるというの？

※ナチスドイツはサリン開発と同時期に、類似の神経ガスをいくつか合成している。

No. 20 マスタードガス

そういうにおいなのさ！

びらん剤なので
肌をただれさせる
対称形の分子構造
を表す髪型
農薬の開発中にで
きたのでエプロン
ドレス
兵器なので
陸軍の服装

WANTED

名　前　**マスタードガス**（2,2'-硫化ジクロロジエチル）

化学式　$(ClCH_2CH_2)_2S$

大きさ　159.08

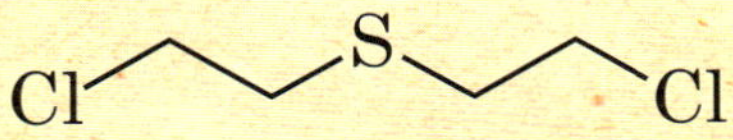

毒性・症状

1822年にフランスの化学者が開発。ガスに触れた部分が即座に炎症を起こし、やけどのような水ぶくれとなる。体内の水分に触れると、塩化水素を次々と放出して触れた部分をだめにしていくってわけ。

解毒方法はない。できる限り被ばくを避け、症状が出たら対処療法で対応するしかないのだ。致命的な猛毒ガスではないものの、多くの負傷者を出すことで相手の戦力を低下させる目的で開発されたのさ。

においがマスタードに似ているため、この名でよばれるぞ。

由来・用途

「Hガス」「HDガス」とよばれ、特に第一次世界大戦で実際に毒ガスとして使われた。イラン・イラク戦争でも用いられたといわれているんだ。サリンと並ぶ化学兵器の代表的存在なのさ。マスタードガスはゴムを透過するので、防毒マスクでは防ぎにくいぞ。

マスタードガスの中毒患者は白血球が増えることなどが知られている。そこで、マスタードガスを改良し、人類初の抗がん剤であるナイトロジェンマスタードが誕生したというわけ。その後さらに、副作用を抑え、シクロホスファミドという薬剤になっているぞ。抗がん剤の研究は毒ガスの副作用から始まったのさ。

※第一次世界大戦においてイーペルという場所で使われたことからイペリットとよばれた。

あたしにかかりゃ
ガスマスクも
防護服もムダだぜ
触らないでよ！？
やめてー
すん
すん
んだよ
いや
からしのにおいがするから
マスタードガスって
名前なのかなって
もしかして
マスタードにも
入ってたりして
名前の由来は
それで合ってるけど
マスタードには
入ってねえよ
おいしそうな名前
だからってナメてると
痛い目を見るってわけだ
名前だけじゃなくて
服も結構かわいいけど
そもそもなんで
メイドさんなの？
出稼ぎしてんだよ
実家が貧乏農家でさ
意外な出自だ……

毒楽★毒学

「デスファクトリー・死の工場」の巻

1915年4月22日。ベルギー西部のイーペルという場所での戦争は、歴史上大きな意味をもつものでした。なぜなら、人と人が戦う場に、初めて毒ガスという**化学兵器**が投入されたからです。

ここで使われた化学兵器は、**塩素ガス**でした。理科の教科書でもよく知られるハーバーボッシュ法の考案者でもある、**フリッツ・ハーバー博士**がその塩素の大量製造法や運用法にアドバイスをしたことから、ハーバー博士には「毒ガスの父」という異名もついています。

塩素ガスは空気より2倍以上重いため、放出されると地面をはうように進みます。そのため、防弾のために掘った塹壕に対して致命的な効果がありました。なんの対応装備ももたなかった連合軍は、5千人の戦死者を出したともされています。以後、世界中で化学兵器の開発競争が始まることになりました。

その後、催涙剤、催吐剤（胃の内容物を吐出させる）、びらん剤（皮膚をただれさせる）とバリエーションは増えていきます。そうした化学兵器の集大成として、開発競争末期に出現したのが**神経剤**。つまり、**サリン**や**ソマン**といった、人間を害虫駆除のようにいとも簡単に殺してしまう超兵器だったのです。

しかし、そのヤバさは製造者さえ使用をためらうレベルでした（戦場に投入すると、同様の兵器で報復される恐れがあるので）。第二次世界大戦中にナチスドイツが作ったサリンを初めとする神経ガスは、結局使われることはなく、連合軍に技術接収されました。

第二次世界大戦後、今度はアメリカとソビエト（現ロシア）との東西冷戦下で**生物化学兵器**の研究が続きます。ロケットなどの宇宙技術の開発競争の表舞台の裏では、そんなことがおこなわれていたのです。そしてついには、**VXガス**といった、サリンなどをさらに上回る猛毒神経剤が開発されました。イギリスでは、極秘に民間人や軍人を使った人体実験もおこなわれていたことが近年明らかになっています。

表向きは、1997年に発効した「化学兵器の開発、生産、貯蔵及び使用の禁止並びに廃棄に関する条約」という多国間条約が締結され、化学兵器を原則廃棄するという話になっています。

とはいえ、2018年3月というきわめて最近に、ロシアから亡命していた人物の暗殺に、VXやソマンなどをさらに上回る猛毒が使われたことが判明しています。それは、旧ソビエト時代に生まれたとされる**ノビチョク**（ノビコック）という新世代神経剤でした。

まだまだ世界には秘密裏に動く**デスファクトリー（死の工場）**が存在するようです……

第一次世界大戦でガスマスクをして戦う兵士たち。
右の写真は馬にもマスクをさせている。

ひー
生きた心地が
しなかった
……ん？
なんだ
ビラかあ
お助け団
不安な気持ち
重い悩み事
やる気の低下
なんでも解決！
いますぐお城へGo
mail.com
こういう話はたいてい
裏があるものだけど
ここの人たち
表がめちゃくちゃ
だからなあ
わらにもすがると
いうやつかあ……

サリンの家族
タブン（姉）
ソマン（妹）

5
赤の女王の城
麻薬

毒は、体を蝕(むしば)むだけではない。
ここは、心を蝕む毒「麻薬」が統治する危険な城だ。
心を惑わす毒というのは、どうやって人の心を奪ってしまうのか？
ダメと言われて手を出してしまう人が多いのはどうしてなのか？
麻薬たちの悪の手口を知っておけば、賢い君は手を出さないはずだよ。

―― Expertus metuit.(エクスペルツス メツィート)　経験者は恐れるもの ――

No. 21 メタンフェタミン

覚せい剤に分
類されるので
目玉のマーク
結晶は氷のような見
た目なのでイメージ
カラーは水色に
分子内にベンゼン環
を含む
目覚めの世界
へようこそ！

WANTED

名　前　**メタンフェタミン**

化学式　$C_{10}H_{15}N$

大きさ　149.24

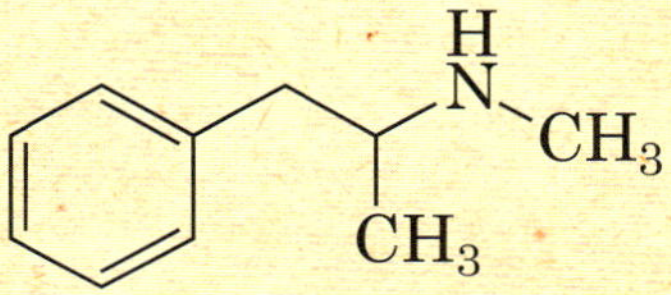

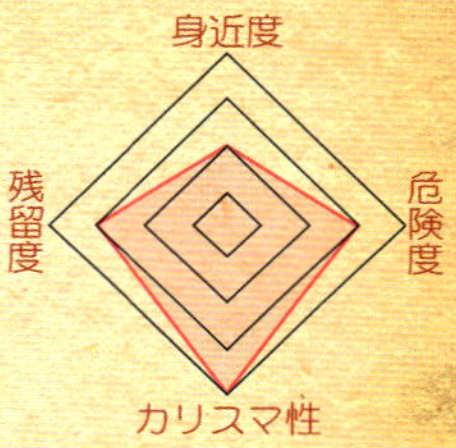

毒性・症状

眠気を覚まし、やる気を出させ、食欲をなくし、集中力を高めるという働きがある。異常な達成感を味わうことができてしまう危険な麻薬だ。日本では覚せい剤の一種として、使用も所持も法律で厳しく禁止されているぞ。

覚せい剤そのものの依存性は強くないのだが、覚せい剤によって得られた強い快感は、覚せい剤なしでは味わうことができない。そのため、中毒者はなかなかやめることができないのさ。覚せい剤のない人生が味気ないものと感じ、生きる気力を失ってしまうこともあり……

由来・用途

1885 年に長井長義博士が、「麻黄」という漢方薬からエフェドリンを発見した。エフェドリンはぜん息やせきに効く。これを合成で安く作ろうと試行錯誤するなかでメタンフェタミンができたんだ。

その後ドイツでは、メタンフェタミンを、疲労を消し士気を高める目的で兵士に用いた。日本でも軍用に使用された。戦後、それらが一般人の間に流れ出て、覚せい剤中毒が広がり、法律で厳しく制限されたんだ。しかし、現在も社会問題を起こしているぞ。実は「ヒロポン」という名できわめて限られた病気に薬として使われることもあるぞ。

ここの人は私を助けてくれるかな……
おやかわいらしいお客さんですネ
ここは悪の組織麻薬連合の城
私はその一員メタンフェタミンと申します
しまった明らかにヤバイ所来ちゃったよ
われわれをろくに知りもしないで適当にヤバイとか言わないでいただきたいですネ
あなた　麻薬は全部同じだと思っているでしょう
違うの？
私メタンフェタミンは覚せい剤に分類される合成化学物質です
覚せい剤は厳密に分類すると麻薬ではないんですが長くなるのでさておき
その名のとおり体じゅうの神経を目覚めさせるのが私覚せい剤なんですヨ

神経が目覚めるというのは
単に目がさえるだけではなく
やる気が起きる
達成感を味わうなど
気分も変化しますネ
うーん
そこだけ聞くと
悪いようには
思えないけど
いったいなんで
麻薬はダメって
ことになってるの？
くくく
そのようでは
お嬢さんは簡単に
われわれの手中に
落ちてしまいますヨ
われわれ連合が
パッと見
悪の組織に
見えないのは
とりあえず
有益だからですヨ
ひとたびわれわれに
快楽を与えられた人間は
二度とわれわれから
離れることは
できない——
これこそがわれわれを
悪たらしめている
わけなのですヨ
ごていねいな
タネ明かしをどうも…
ドヤ

No. 22 MDMA

ハッピーかい？

多幸感をもたら
すので楽しそう
カラフルな錠剤を
想起させるバッジ
ヒッピーの間で
流行したので
ヒッピー風

WANTED

名　前　**MDMA**

化学式　$C_{11}H_{15}NO_2$

大きさ　193.25

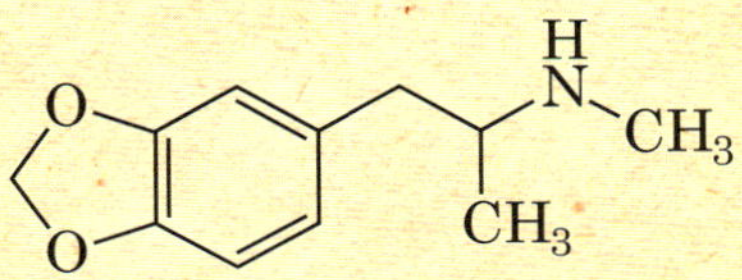

毒性・症状

　メチレンジオキシメタンフェタミンの略。メタンフェタミンの名があるとおり、覚せい剤と同じ分子構造をもつけれど、効果はかなり異なっている。楽観的な考え方になり、気分が明るくなり、おしゃべりになったり、友好的な気持ちになるとされているのさ。ただし血圧の上昇や脱水などの副作用も強いんだ。

　安全な薬では決してなく、危険な麻薬として使用が厳しく制限されているぞ。

由来・用途

　血圧が上がってやる気が出るのは覚せい剤に似ている。陽気な気分になるので、1970年代にはうつ病の治療薬として研究されたんだ。しかし、パーティーや音楽イベントなどが好きな人の間でその効果が人気となって、乱用が進んでしまった。そして、麻薬として扱いが厳しくなったわけ。現在も、研究以外では医療に用いないぞ。

　麻薬とする場合、原材料が高価で、使用分量も多いため、ごまかすためにほかのさまざまな麻薬が混ぜられていることが多いんだ。その不純物によって死亡事故も多く起きているのさ。

いつの間にかうまいこと
中に連れ込まれて
しまってるよ……
ずーん
ふふん
どうした！
暗い顔して
俺と一緒に
ハッピーに
なろうぜ
うーんそんな
気分じゃないや
おお　わかるよ
君のブルーな気持ち
俺の力は共感と
多幸感だからな
これ全然わかって
もらってないやつだ
俺は人間の神経伝達物質
セロトニンの分泌を
増やすことができる
するとみんなハッピーな
気持ちになれるから
パーティーや
ダンスイベントの
会場に潜んで
乱用されることがあるぜ

でも一度使った後は
麻薬の力を借りないと
ハッピーになれなく
なっちゃうんですよね
そのとおりだ！
俺がもたらす以上のハッピーは
ほかの誰も与えることが
できないからな
って何で
俺たち連合メンバーの力
「依存性」のことを知ってる
さっき
メタンフェタミン
さんが教えて
くれたので
あのアホ
あっさりと秘密を！
だが俺の彼女は
お前を見逃さないだろう
そう　これは彼女
LSDからの
プレゼントさ
あの日俺たちは
永遠の愛を
すたこら

No. 23 LSD

ゴートゥーヘヴン！
ブルーヘブンという俗称があるので天使の姿
摂取すると瞳孔が散大する
五感が混乱し色鮮やかな幻覚を見る

WANTED

名　前 **LSD**

化学式 $C_{20}H_{25}N_3O$

大きさ 323.43

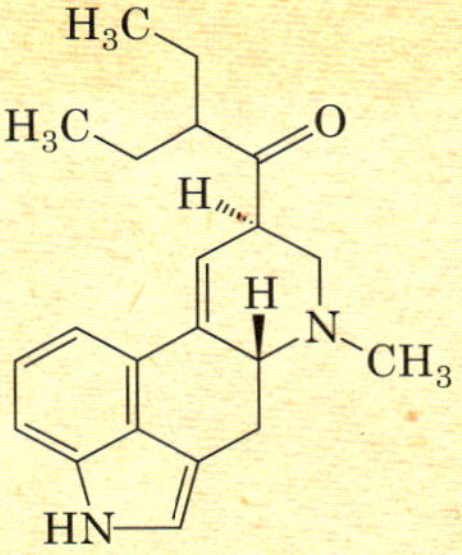

毒性・症状

正式名称はリゼルグ酸ジエチルアミド。わずか数十マイクログラムというきわめて微量で幻覚を引き起こす麻薬として知られているぞ。

幻覚作用は、視界がうねうねしたり、音が見えたり、色の味がしたりといったものだ。そうした幻覚は五感の情報の混乱から来るのさ。幻覚は6時間から半日、長い場合は2日以上も続く。幻覚を見ている間は当然、まともな判断力がなくなるため事故にあうこともあるというわけだ。

由来・用途

1938年、サンド社（現在は製薬会社ノバルティスグループ傘下）で働いていたアルバート・ホフマンという化学者は、呼吸器や循環器の刺激薬を研究していた。彼は、ライ麦に寄生するバッカク（麦角）という有毒カビが作り出す、キノコのように変形した麦から、さまざまな薬品を作っていた。1943年に、再度この物質の実験をしようとしたとき、偶然その薬品が手について体に入り、幻覚性があることを発見したんだ。それが会社に報告され、一時は製薬化もされたけど、幻覚剤としての乱用が問題になり、麻薬として使用制限されたのさ。

麻薬としては、薄めて紙に染み込ませた状態で密売されるぞ。

うふふ
私は天使
LSD よ
あなたを
天国に
連れてって
あげる
はい　これ
チケットね
ぺらっ
回数券だ
そうよ
なめて使うの
これは
天国より家に
帰りたい……
特別に 1 回分
オマケしてあげるわね！
帰ります
か……
帰りたいけど
壁という壁に
ぐにゃぐにゃの絵が
描いてあって
どこが
出口か
わからない
うにょ〜

※薬物乱用は注意力散漫を引き起こし、しばしば事故の原因になる。

脱法ハーブ

誰でしょう！

中国からしばしば
輸入されるので
チャイナドレス

名前こそハーブだが、実
態は大麻の有効成分に似
せた構造をもつ合成麻薬

分子構造をわずかに変えた類似物質
が出回るのでつぎはぎの姿

WANTED

名　前　**脱法ハーブ**（危険ドラッグ）

化学式　？

大きさ　？

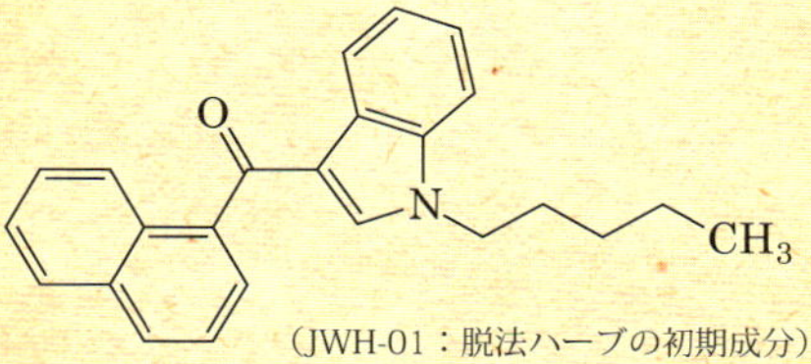

（JWH-01：脱法ハーブの初期成分）

毒性・症状

オランダを起点として、ヨーロッパ全土、そしてアジアから日本まで、あらゆる地域で広がった正体不明のドラッグの一群さ。

当初は正体不明だったけど、しだいに大麻の有効成分である合成THC（テトラヒドロカンナビノール）類似化合物が含まれていることがわかり、法規制されたんだ。しかし、法規制を逃れるために、成分にさまざまな麻薬類似物を混入して分子構造を変えてしまうので、どんな毒性が出るかは密造者にもわからないわけ。中毒による錯乱や死亡事故も相次ぎ、麻薬以上に危険な麻薬とされるぞ。鎮痛効果が高く、中毒者は痛みを感じないことが多いので、「ゾンビ化麻薬」ともいう。

由来・用途

THCは、モルヒネなどとは違うメカニズムで強い痛み止め効果をもつことがわかり、1970年代にファイザー社が、それと似た、カンナビノイド受容体に作用する化合物を発表した。1995年にはアメリカのジョン・W・ハフマン博士が、THC受容体に結合する類似体を合成した。それらをもとにつくられたTHC類似成分なのさ。ハーブというけど植物はただの飾りで、そこに合成麻薬をふりかけたものだぞ。

人体への使用報告例が少なく、中毒時の対処も不明点が多いんだ。

だーれだ
ぎゃー
メガネが
正解は誰でも
ありませーん
まあとりあえず
ハーブちゃんって
よんでえや
いうてハーブは
バケの皮
やねんけどな
ちらっ
なんてこった
ついに正体不明の
麻薬ときたか
もとの姿は
テトラヒドロカンナビノール
やねんけど
この格好やと法規制を食らうから
ちょっとずつ分子構造を変えて
法のすきまをかいくぐって
いるってわけや
コレ
うーん
似た者扱いで
捕まりそうだけど

規制は具合的な化合物を
対象にしてるだけやから
別者になってしまえば
逃れられるんよ
テキトーに
このへんに
?
なんか
付けとこー
まあ
ちょろい
もんやな
しかしうちは
自分の力のことも
それに対処する方法も
さっぱりわからへん
実際に人に試して
初めて真の
恐ろしさが
見えてくるわけや
その結果
悲惨な事態を
まねこうが
明日は違う姿に
なってるかもしれへん
うちの知ったこっちゃ
ないけどな
もしかしなくても
もともと中国人でも
関西人でも
ないですよね
昨日までのことなんて
いちいち覚えてへんわ〜

No. 25
ヘロイン

身も心も
すべて
私のもの…
ケシを原料に
作られる
麻薬の女王と
もよばれる
体を虫がはう幻覚を見るなど
強烈な禁断症状が出る

WANTED

名　前 ヘロイン

化学式 $C_{21}H_{23}NO_5$

大きさ 369.41

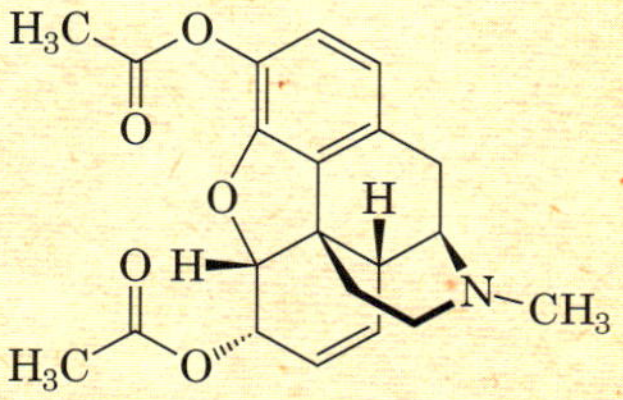

毒性・症状

ヘロインは麻薬の中でも最も依存性が高い麻薬さ。

一度中毒者になってしまうと、ヘロインなしでは人生が味気ないものに感じたり、体中にひどい痛みを感じたり、虫が全身をはい回るような苦痛を味わったりするんだ。それだけに、中毒者の治療が最も困難なものとされ、麻薬の中でも最も危険という研究者もいるぞ。

由来・用途

ケシの花の実であるケシ坊主を傷つけ、出てくる樹液を固めたのがアヘン。そのアヘンからとれるモルヒネを材料として作られるんだ。

アヘンの仲間は、強い痛み止め効果をもつことが古くから知られていた。1805 年にはモルヒネの分離が成功した。これが現在のさまざまな薬開発の基本といえる有機化学の幕開けとなったといわれるな。モルヒネ注射は、兵士の痛み止めとして戦争で大量に使われたぞ。

1899 年にドイツのバイエル社から、モルヒネの分子構造に手を加えたヘロインが、より強い鎮痛剤として発売された。しかし、しだいに麻薬としての問題が生じ、麻薬として扱われることになったのさ。

モルヒネは、現在でも、がんの激しい痛みなどに有効な鎮痛剤として使われているぞ。

わが手下どもに
そそのかされず
ここにたどり着いたことは
ほめてやろう
だが残念だな
貴様はここで
終わりだ
私は
ヘロイン
この世界すべてを
わが手におさめる…
……力はあるけど
まだ全部手に
入ってない
そこは謙虚になるのか
私は花畑で生まれた
赤の女王だ
どうだ
美しい花だろう
植えちゃいけない
やつですね
私の元の姿は
ケシの実の樹液から
精製されるモルヒネだ
だがそいつより
今の私のほうがよほど
強大な力をもつ

私は人々のすべてを支配する
私のもとから離れた者は身も心も苦痛にさいなまれる
誰にも勝るその力とは――
依存性
私にすがるとき
ゴッ
ジャ
それがお前の人生の終焉だ
だがその気がなければ貴様に用はない
とっとと出ていけ
言われずとも出ていきます こんな物騒な所
あ でも帰り方だけ教えて下さい！
いそいそ
ほう？図々しい小娘だ

「麻薬はどうしていけないの？」の巻

麻薬とはなんでしょうか？　心を惑わす悪いクスリ？　でも、悪い悪いと言われつつも、使用者がいなくならないのはどうしてなのでしょう？

それは、人間の「快楽に弱い」というきわめて単純かつ合理的な性質に深く関係しています。

たとえば**覚せい剤**。心地よいと感じさせる脳の神経（**報酬回路**）を薬物によって簡単に作動させてしまうクスリです。達成したときや集中したときの張り詰めた「楽しさ、気持ちよさ」などを感じさせる脳からの信号が安売りされてしまいます。簡単に達成感や楽しさが得られてしまうので、山のような書類整理、受験勉強、肉体労働といった「いやな」作業を「楽しく」変換してしまうことも可能です。

これで**副作用**がなければ、まさに夢の薬なのですが、現実は「一時の楽しさ」のぶり返しが何倍にもなって返ってきます。さらにその副作用から逃げるためにまた覚せい剤を使おうとします。しかし、最初ほど快感が得られないため、2倍3倍と分量を増やさないといけなくなり、しだいに**中毒**になって……と人は堕ちていくわけです。

生理学的に見ると、神経に、本来あるべき以上の負荷をかけ、さらにそのダメージを感じなくさせてしまうので、オーバーヒートのようなダメージを残します。

脳だけでなく、血圧を異常に上げたり、肝臓に負担をかけたりと、体のほかの臓器にも確実にダメージをあたえます。

麻薬の多くは、もともとは**医薬品**です。しかしその効果の反面、副作用が大きく、そしてなにより、安易に得られる快楽のために、人生をも投げ出してしまう人が後を絶たないので、禁止されているのです。

麻薬が「**違法**」なのは、政治・経済的な理由もありますが、薬物学的な側面からみるとこうです。

1）効果が強すぎる…

効果が強すぎて麻薬なしでの快感が味気ないモノとなります。生涯において、幸せの上限を麻薬なしに更新することができず、麻薬なしの生活が考えられなくなり……そうして麻薬の奴隷になってしまいます。

2）不潔である…

麻薬は、密造され、密輸され、密売されるという、隠れ潜んだ存在です。そのため、その中の不純物や汚染物がまったくチェックされず見逃されてしまいます。実際、ガラス片から水銀に至るまで、さまざまな不純物やゴミが溶け込んでおり、さらに雑菌なども多く含まれています。

3）病気になる…

脳に強く作用するものを長期間使うと、神経が減ったり、バランスが崩壊したりして、知能障害、精神疾患、さらにはパーキンソン病のような手足を自由に動かすこともままならない病気になることもあります。脳は体の中枢です。その脳に強く働きすぎるモノを体内に入れると、そうなってしまうのです。

以上の理由から、麻薬はやっぱり「ダメ・ゼッタイ」なわけです。もちろん手を出さないのが賢明です。

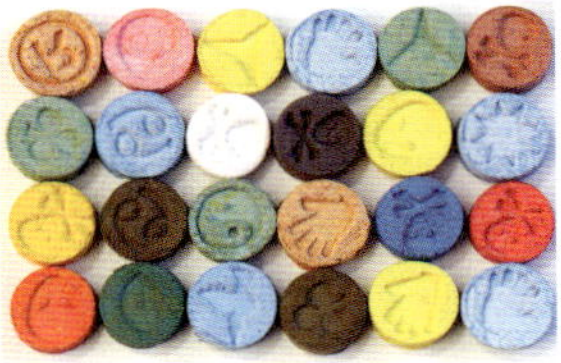

ケシの花と実（左上と左下）
ヘロイン（中央上）
MDMA（中央下）
メタンフェタミン（右上）

そいつを
つまみ出せ
らじゃ〜
えっ
なに
ちょっと……
ぶーん
うそだーーー！！
スポーン

ケーキ
食べたい…。
せっせ

6
魔物たちの天空
◆高分子毒◆

なんだって最高はいいものだ。毒のなかでの最高とは何か？

それは最も少量で人の命を奪ってしまうもの。世界を動かす力さえある、とんでもない力をもった猛毒が、この世界には存在する。

そうした高次元のモンスター（高分子毒）たちが集う場所がここ、通称「魔物たちの天空」だ。一見気のよいやつらに見えるかもしれないが、それは高い実力からくる余裕というもの。

もう決して振り返ってはいけないよ。

—— Memento mori（メメント モリー）．死を忘れるなかれ ——

No. 26 リシン

植物最強の毒ですわ！
トウゴマの種子に似せた頭
らせん模様はα-ヘリックス構造、矢印模様はβ-ストランド構造を表す
熟したトウゴマの実をイメージしたドレス

WANTED

名　前　**リシン**

化学式　タンパク質

大きさ　約 65000

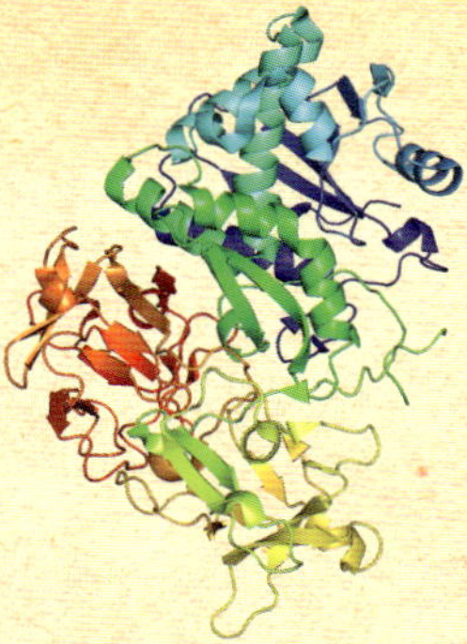

毒性・症状

トウゴマ（ヒマ）という植物の種子に含まれる。タンパク質の毒さ。植物が作り出す毒のうち、最も少ない分量で死に至る猛毒として知られているぞ。1978 年のイギリスでは、ロシアからの亡命者がリシンが含まれた兵器で暗殺される事件もあったんだ。

消化器からは吸収されにくく、エアロゾル（霧状）で肺から入るか、注射などで血管に直接毒が入らないと、すさまじい毒性を発揮しないんだ。ただし、トウゴマにはリシン以外にも下痢や腹痛を起こす毒が含まれているので、食べないほうがいいぞ。

人間の必須アミノ酸にもリシンがあるが、それは「lysine」であって、猛毒のリシンは「ricin」とつづりが違うのでまちがえないでくれ。

由来・用途

トウゴマは、ねっとりとした保湿性の高い植物油「ひまし油」の原料として栽培される。古くは古代エジプトで、クレオパトラが化粧下地や整髪料などに使っていたという記録もあるんだ。現在も、保湿目的のパックや油絵の油として使われているぞ。

ひまし油にリシンは含まれないが、下痢を引き起こすきわめて強い作用があるから昔は下剤として使われていたのさ（今は使わない）。

おっ！
侵入者だ
もー
あわてないの
リシニンちゃん
おめー
いい度胸だな！
あたいら二人は
トウゴマの毒だ！
今からあたい
リシニンが
リシン姉貴の
怖さをたっぷり
教えてやるよ！
ゴゴゴ
リシンはタンパク質に
分類される毒物で
アミノ酸がたくさん
つながってできた
超でかい分子だ
あたいの
何百倍もでかい
そして何より
驚くべきことに
もー
さっさと
言いなさいよー
リシンは最強の
植物毒なのさ！
致死量で比べれば
青酸カリもサリンも
たいしたことないね
もー
照れるわ
ねえ私たち
このためだけに
よばれたの？
関係者席

※リシニンもトウゴマに含まれ、嘔吐や肝臓・腎臓障害を引き起こすが、死に至るほど強くはない。

No.
27
ファシキュリン

WANTED

名　前　ファシキュリン

化学式　$C_{281}H_{441}N_{87}O_{90}S_{10}$
タンパク質

大きさ　約 6800

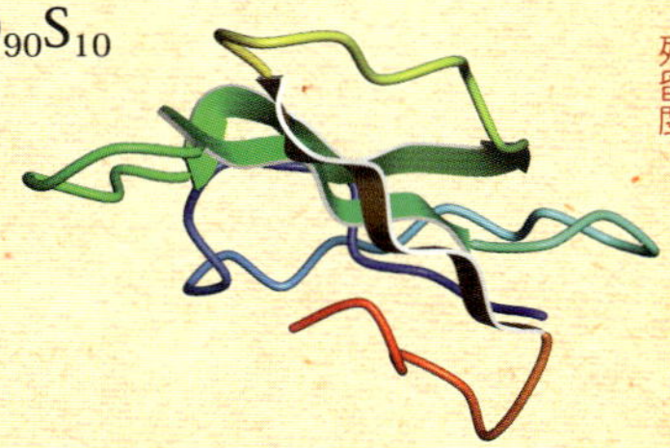

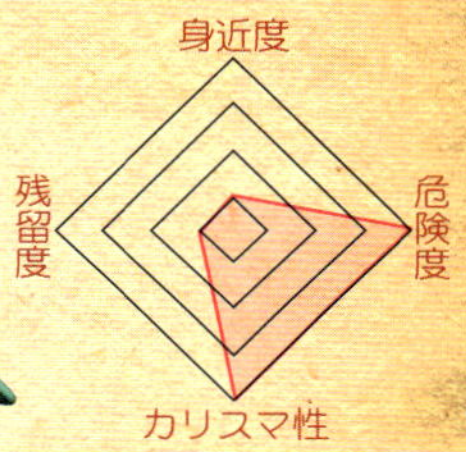

毒性・症状

毒ヘビの中の毒ヘビ、多くのヘビ専門家が世界で最も危険な毒ヘビだといわれる「ブラックマンバ」の毒液に含まれる神経毒さ。

神経伝達物質であるアセチルコリンの分解を阻害してしまうんだ。通常、神経の伝達がおこなわれると、アセチルコリンなどの伝達物質は分解されてなくなる。しかし、その分解をじゃますることで、伝達しっぱなしの状態にしてしまう。その結果、神経伝達がオンのままになって、筋肉は強くこわばった状態になり、けいれんなどを起こすというわけ。最終的には心臓などの重要な臓器さえも止めてしまうぞ。

由来・用途

ヘビの毒には、組織を溶かして破壊する毒素、血液を固まりにくくする毒素、特定の神経にのみ働く毒素、逆に痛みを感じなくさせる毒素など、複雑な成分が配合されているんだ。

その結果、人間の体に複雑に働きかけるものが多い。それを応用することで難病の特効薬にもなりうるものもあるため、研究が進められているのさ。

ヘビの神経毒としてはほかに、ブンガロトキシンやデンドロトキシンなどが有名で、おもにコブラの仲間がもっているぞ。

にゅ
ぎゃー
ヘビだ
おっと
すまない
すっ
彼は俺の主
マンバ様だ
そして俺は
ファシキュリン！
イエーイ
数ある
ヘビ毒のうち
マンバ様に
仕えることを
唯一許された
選ばれし毒物さ
俺には仲間がたくさんいて
協力して主のヘビを
守っているんだ
俺はそのうち神経毒で
アセチルコリンエステラーゼと
いう酵素を失活させるのさ
神経毒　神経伝達系に効くよ
出血毒　血が止まらなくなるよ
筋肉毒　筋細胞を壊すよ
ふんす
さっきから
何度か聞いてる
アセチルコリン

※たいていのヘビ毒は消化液が変化したものであり、同じヘビどうしでは効かないことがある。

カリブドトキシン

サソリ女の好物は虫よ！

サソリの体を
模した髪型
昆虫に効く程度の量しか
使われず人を殺すほどで
ないのでおとなしそう
らせん模様はα-ヘリック
ス構造、矢印模様はβ-ス
トランド構造を表す
サソリの殻のような
ツヤツヤのスーツ

WANTED

名　前　カリブドトキシン

化学式　$C_{176}H_{277}N_{57}O_{55}S_7$
ペプチド

大きさ　約 4300

毒性・症状

中東から北アフリカにかけての砂漠や乾燥地域に生息するデスストーカー（オブトサソリ）というサソリを知っているだろうか。その毒はきわめて強く、毒性はマムシの毒の 10 倍とされているぞ。

そんな猛毒サソリの毒に含まれ、37 個のアミノ酸がつながってできたペプチド神経毒というものなんだ。体に入ると、筋肉が収縮し続け、しだいに神経の信号が伝えられなくなる。血液に乗ってゆっくり全身に広がり、体全体がゆっくり麻痺して動かなくなっていく……

しかし、サソリは小さく、毒の量が少ないため、大人で致死的になることはまれさ。死亡するのはほぼ子どもに限られるわけ。

由来・用途

サソリの毒は、エサとなる昆虫をおとなしくさせるためのものさ。ハサミが細く尾が太いほど毒性が強い種が多いな。大きなダイオウサソリなどは毒性がかなり低く、そもそも積極的に使おうとしないんだ。

毒性が強くても、分量が少ないため致命傷になることは少ないのさ。大半は、症状ごとの対応をする対処療法だけで、あとは自然に分解し、治っていくんだ。そのため血清もあまり作られていない。研究も、一部の神経毒がわかっているだけであまり進んでいないぞ。

うわっ
虫だ
いもーん
なんで私
さっきから
こんな目に
ひょい
わーっ
チーン
私は
食べても
おいしく
ないです
あわてなくて
大丈夫よ
確かに私の力は
あなたを封じるには
十分だけどね
まあそう
早合点
しなさんな
やっぱり
危ない人じゃ
ないですかー！

※*Pulmonoscorpius* という石炭紀にいた古代サソリは、70cm以上あったといわれている。

No. 29 マイトトキシン

WANTED

名　前　マイトトキシン

化学式　$C_{164}H_{256}O_{68}S_2Na_2$

大きさ　約 3400

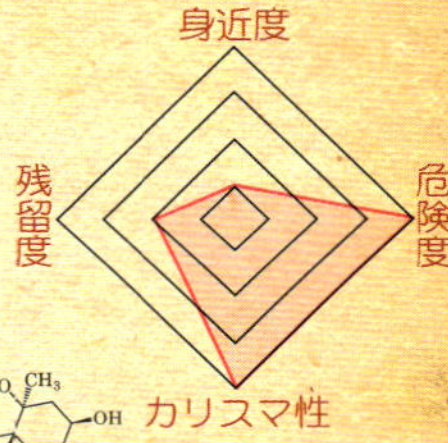

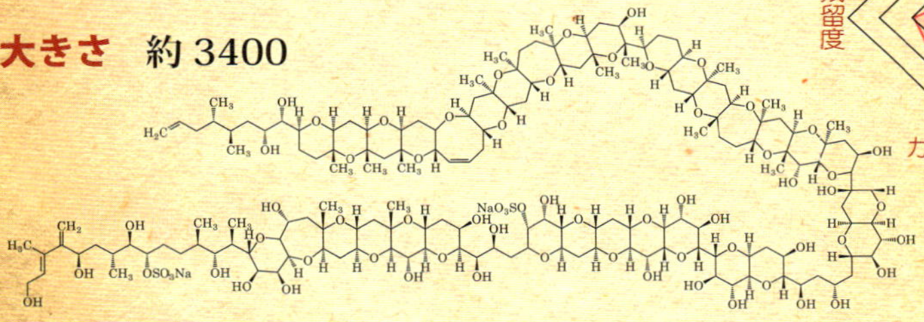

毒性・症状

分子のサイズが、タンパク質やペプチド（いずれもアミノ酸が連なった物質）以外では最大級の巨大分子さ。フグ毒のテトロドトキシンの約 200 倍も毒性があるぞ。きわめて強力な海の毒素なんだ。

サザナミハギという魚を食べたらけいれんなどが起きたので、その魚が調べられ、すい臓に蓄積されていたこの毒が発見されたってわけ。詳しいメカニズムはわかっていないが、生命維持の根幹に近い部分の神経に集中的に作用するので、少量で毒となるようだぞ。

由来・用途

サザナミハギという魚がこの毒を作っているのではなく、渦鞭毛藻（うずべんもうそう）の仲間の *Gambierdiscus toxicus* という植物プランクトンが生産しているんだ。ザザナミハギは毒にある程度抵抗力があるので、毒を体に蓄えられるというわけ。それによって身を守っているのはフグと同じさ。

植物プランクトンの藍藻（らんそう）類は、マイトトキシン以外にもさまざまな毒を作り出すぞ。淡水の池に存在する藍藻（アオコ）には、サリンより致命的な神経毒を生み出すものも存在するんだ。

……で
この状況は……
私も食べたらいいんですか
にこにこ
もぐもぐ
なんでいるんですか テトロドトキシンさん
もちろんさ！
この世界にいるうちに彼の料理を食べておきな
ぐッ
なんでもなにも 彼女は私と同じく 魚介類がもつ毒だ
私は魚料理で起きる食中毒 シガテラの原因物質です
温かい海や 特にサンゴ礁がある 海で獲れた魚は
私マイトトキシンを 含むことがあります

※テトロドキシンも食物連鎖によって濃縮されフグの体に蓄積される（p.86 参照）。

No. 30 ボツリヌストキシン

酸素がないところはどこじゃ！

WANTED

名　前　**ボツリヌストキシン**

化学式　$C_{6760}H_{10447}N_{1743}O_{2010}S_{32}$
タンパク質

大きさ　約 150000

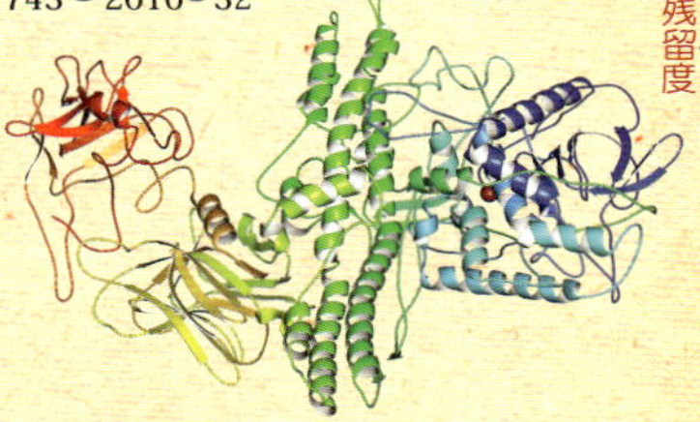

毒性・症状

分量あたりの毒性では世界有数の猛毒のひとつ。500 グラムで全人類を殺せるといわれている。食中毒菌として知られるボツリヌス菌によって生産されるぞ。

数時間～2 日ほど経ってから、おう吐、嚥下困難（自力で物を飲み込めない）、視力障害、言語障害といった神経麻痺を引き起こすんだ。中毒量が多いと、呼吸に関わる神経も停止し死に至る……

ボツリヌス菌は土の中に普通に見られる。しかし、酸素があると生存できないんだ（偏性嫌気性細菌）。だから、真空パックやソーセージといった酸素のない環境に紛れ込むとたいへん危険なわけ。

由来・用途

みけんのシワやほうれい線など、年齢とともにできるシワを消す薬として美容目的で使われるぞ。シワの多くは周りの筋肉に沿ってできるので、筋肉自体を麻痺させて動かなくしてしまえば、シワはできなくなるというわけ。シワを生じさせる筋肉にボツリヌストキシンを注射すると 24 ～ 48 時間で神経終末に移動する。そして、筋肉の信号を絶つ。そうやって動きを止めることでシワを消すのさ。やりすぎると表情が硬くなるぞ。顔の動かない芸能人などはもしかすると……。

おいおい
そこの君
あー違う
こっちこっち
よく会いに来たね
ワシは地上最強の毒物
ボツリヌストキシンじゃ
え……
あなたその格好で
最強なの……
なんかさらっと
厳しいこと言われた
なむ
だって潜ってて
出てこないんだもん
酸素がある環境では
ワシの産生菌
クロストリジウム・
ボツリナムは
生きられないんじゃ
ますます最強
っぽくない
C.ぼつりなむ
ではどうするかというと
芽胞という形態になり
不利な環境から身を守る
防御モードに移行
するんじゃよ

芽胞は酸素がない環境に行くと
発芽して増殖モードになり
ワシが生まれるんじゃ
菌が真空パックの食品や
乳児の腸管内で増えると
人間はごく微量の
毒素で食中毒を
起こしてしまう
ハム
このように
われわれ毒物は
人間をおびやかす
存在だが
君はこの世界で
いろんな毒物たちに出会い
われわれがいかにして人間に
害をもたらすかを知った
ならば君はもはや
毒物をその名前だけで
恐れる者ではない
さあ元の世界へ
帰りたまえ
毒物にあふれる世界が君にとって
興味深いものになれば
それほど喜ばしい
ことはない……

毒楽★毒学

「高分子ってなに?」の巻

毒の世界をめぐる旅もいよいよ終わりとなりました。

さて、6章で出てきた毒キャラクターたちは、もはや人のカタチをしていないモンスターというべきものでした。

どうしてそうなのかというと、それらの毒物は、ほかの章で紹介されている物質と大きく異なる点があるからです。それが**分子のサイズ**です。

たとえば、水の分子は H_2O であることは知ってますね?

お酒の主成分であるエタノールの分子は C_2H_5OH で、炭素が2つに酸素が1つ、水素が6つ……つまり、水より**構成元素**の量が多いです。

本書に出てくる毒は、炭素1つと酸素1つでできている一酸化炭素から、$C_{34}H_{47}NO_{11}$ というちょっと大きな分子であるアコニチン(トリカブトの毒)……みたいな感じでだんだん大きくなっていきます。

最後に出てきた、ボツリヌス菌が生み出す最強毒素のひとつ、ボツリヌストキシンを化学式で表すと

$$C_{6760}H_{10447}N_{1743}O_{2010}S_{32}$$

というように、とほうもない大きさであることがわかります。

この化学的なサイズは際限ないのですが、大きくなりすぎると、もはや人間が元素の集まりの分子として取り扱うにはデカすぎます。そこで「**高分子**」(つまりデカい分子)と読んで区別しています。

こうした高分子の本質を理解するには、構成元素よりも**立体構造**が重要になってきます。そこで、高分子のなかでもとりわけ分子が大きいタンパク質は、右ページの図のような**立体モデル**で表されることが多いのです。

高分子には、単純な構造がひたすらつながっただけのもの、たとえば、ペットボトルを構成している **PET**(ポリエチレンテレフタレート)のような物質もあります。

つまりペットボトルは、PETという化学物質のつらなりそのものが容器になってしまうような超巨大なつながりなのです。**納豆**のネバネバは、もう少し小さいですが、やはり数珠つなぎの長い長い高分子です。あのネバネバは、水と相まった分子のもつれが、海藻の束のようになってできあがっているとイメージするとよいでしょう。

このように、「分子」で世界を見ていくと、物質がどうやってできているのかが見えてきます。

人間の体も、大小さまざまな分子の集合体です。この分子のレベルで、化学の目を通して人間の体の働きをみる学問を「**生理学**」といいます。

クスリがどのように体に働きかけて病気が治るのか、毒がどうして体の健康を損ねるのか、また命を奪うのか……、これも生理学でくわしいメカニズムを知ることができます。

この本でそうした学問があるということを知り、さらに「もっと知りたい」と思ってくれる人が増えるといいなぁ……という願いを込めて、最後の「毒楽・毒学」を終えたいと思います！

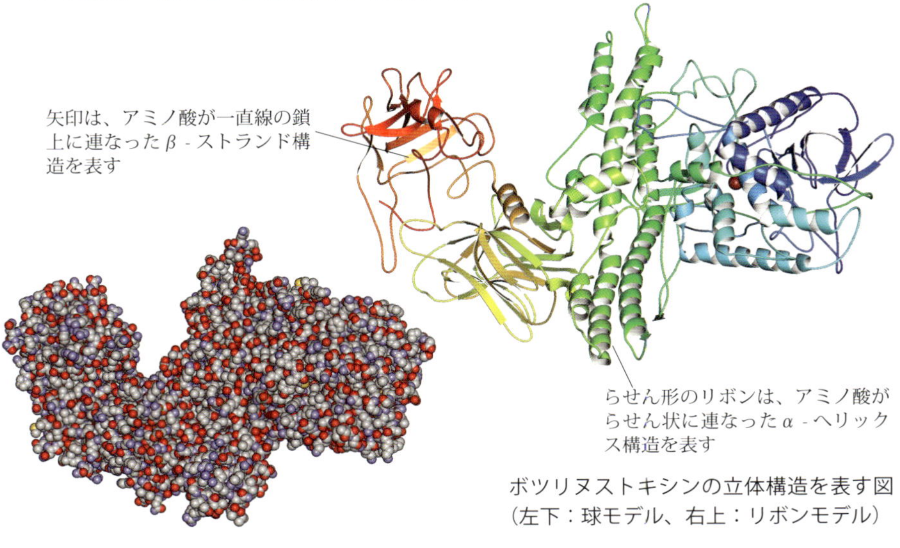

矢印は、アミノ酸が一直線の鎖上に連なったβ-ストランド構造を表す
らせん形のリボンは、アミノ酸がらせん状に連なったα-ヘリックス構造を表す

ボツリヌストキシンの立体構造を表す図
（左下：球モデル、右上：リボンモデル）

エピローグ

あれ……
学校？
なんだ
夢か……
変な夢
だったなあ
怖いけど
日本の公害
毒性元素の本
有毒生物
毒ガスの歴史
毒きのこのせかい
麻薬のふしぎ
とっても
おもしろい夢

すっかり暗く
なっちゃった
帰るぞ！
パララ..
カッ

いって！
何だここは
アタイらの世界とは違うのか！？
ナンタラって本を開けたら戻れるんだっけな
ええい
またあいつか
きっとどうせ女王様のイタズラですよ
何なさってるんですかネ
ひまつぶし
図書室
ぎゃ
ってチクショー
ズラー
この部屋本ばっかじゃねえか！！
おしまい.

おわりに「かもしれない　毒」

擬人化で学ぶ「毒の世界」、いかがでしたでしょうか？

この本で紹介された毒物は有名な毒物のほんの一角ですが、そうした毒物が意外と身近にあること、そしてなかには人を魅了してしまうモノもあることなどなど、思いがけない発見と出会ったり、毒に興味をもつきっかけをつかんでくれたりしたら幸いです。

「はじめに」でも書きましたが、「毒は毒」というところで思考が停止していると、人は徹底的に毒を避けようとしてしまいます。

最近は少しマシになりましたが、かつての食品添加物に対するバッシングなどがよい例でしょう。食品に得体の知れない粉が混ぜられている、しかもそれらは毒性がある。そんな毒が少しでも食べ物に入っているなんて気持ち悪い……というような感じの反応です！！！

気持ちはわかりますが、このゼロリスク信仰はワナだらけです。

たとえば防腐剤。防腐剤はその名のとおり、食品の劣化を防ぎ、よくない細菌の増殖を抑えるために添加されています。当然、大量に摂取すると「毒」となります。

しかし、この「毒性」は、逆にいえば「安全な量」を調べるために、多くの優秀な科学者が数々の実験を積み重ねて導き出したものであり、さらには国や国際機関によって審査されたモノである……ということを合わせて知っておくことが大事です。

数多くの偉い人が「危ない量」を調べてくれたおかげで、細菌の増殖を抑えつつも「人間には無害」な量を決めてくれているわけです。

それを、インチキな自称有識者が「～の量で毒があるから、添加物は全部毒」という無茶苦茶な話を大声で騒ぎ立てるものですから、妙な健康志向が生まれ、そこにつけこんだ悪徳業者からインチキなサプリメントや謎の水を高いお金で買わされたりしてしまうわけです。

おわりに

まずもって、この世界に、リスクがゼロのものなんてありません。外に出かければ車にはねられる「かもしれません」し、家にいても隕石が落ちてくる「かもしれません」。じっとしていても、体の中で何かよくないことが起きて病気になってしまう「かもしれません」。

すべてを安全に安心にするということは、あらゆる可能性を否定することと同じなのです。

食品添加物も、大半の人には無害であっても、ある特定の体質の人にはアレルギーを起こす「かもしれません」。それでも、多くの人が食中毒にならなくてすんでいるのです。恐ろしい事態を未然に防いだ場合、悪い事態が起こっていないわけですので、なかなかその功績には気づきにくいものなのですが。

「毒とは量」、このテーマをキーワードにいま一度この本を読み直すと、もしかすると新たな発見があるかもしれません。

ただの毒物、コワイモノ、……で思考停止せず、「どうしてどうして？」と毒について考えていくきっかけにしてくだされば、これ以上の誉れはありません。

2018年5月
くられ

さくいん

サ 行

タ 行

ナ 行

■ 著者紹介

くられ（文・監修）

フリーライターであり不良科学者。科学を愛し、エセ科学を憎む「ヘルドクター」。マッドサイエンスのシンボルともなった暗黒理科集団「薬理凶室」の代表として、『図解アリエナイ理科ノ教科書』シリーズ（三才ブックス）など、理科教育界に殴り込みをかける数々の衝撃作を世に出している。近著に『アリエナクナイ科学ノ教科書』（ソシム）、『アリエナイ理科ノ大事典』（三才ブックス、共著）などがある。著作のほか、マンガの原作・科学監修、大学講師、イベント出演・映像演出など、科学界の表と裏で多才な活動を繰り広げている。
ウェブサイトは http://cl20.jp/

姫川 たけお（絵・まんが）

1993年京都市生まれ、京都市育ちの現役大学生。幼いころから理系分野に興味をもち、それらをテーマとした作品の制作をおこなっている。現在は化学の知識をもつ「理系イラストレーター」として活動中。
ウェブサイトは http://hakoirichemist.com

写真・図版クレジット
以下は Shutterstock より。p.51 左：Hung Chung Chin, 右：Jose Arcos Aguilar, p.87 左上：vkilikov, 左下：kaschibo, 右下：Kazakov Maksim, p.103 左・右：Everett Historical, p.127 左上：sima, 左下：Couperfield, 中上：Pavlo Lys, 中下：Couperfield, 右上：Kaesler Media
p.87 右上は Wikipedia（by Was a bee）より。
p.131, 135, 139, 147, 151 の分子画像は日本蛋白質構造データバンク (PDBj) より。

毒物ずかん
キュートであぶない毒キャラの世界へ

2018年6月10日　第1刷　発行

著　者　く　ら　れ
　　　　姫川　たけお
発行者　曽　根　良　介
発行所　（株）化学同人

検印廃止

〒600-8074 京都市下京区仏光寺通柳馬場西入ル
編集部 TEL 075-352-3711　FAX 075-352-0371
営業部 TEL 075-352-3373　FAX 075-351-8301
振　替　01010-7-5702
E-mail　webmaster@kagakudojin.co.jp
URL　https://www.kagakudojin.co.jp
印刷・製本（株）シナノパブリッシングプレス

ISBN978-4-7598-1962-5